TRAITÉ-PRATIQUE

DE LA

CONSERVATION

DES GRAINS, DES FARINES,

ET

DES ÉTUVES DOMESTIQUES.

On trouve chez les mêmes Libraires le MANUEL DU MEUNIER, *Ouvrage du même Auteur, & publié par ordre du Gouvernement.*

TRAITÉ-PRATIQUE
DE LA
CONSERVATION
DES GRAINS, DES FARINES,
ET
DES ÉTUVES DOMESTIQUES;

AVEC FIGURES.

Ouvrage utile aux Fermiers, Meûniers, Boulangers, Fariniers, & Seigneurs faisant valoir leurs Terres.

Avec des Notes & Observations sur l'Agriculture & la Boulangerie.

Par CÉSAR BUCQUET,

Auteur du MANUEL DU MEUNIER, & ancien Meûnier de l'Hôpital Général de Paris.

A PARIS,

Chez { ONFROY, Libraire, rue de Hurepoix.
BELIN, Libraire, rue Saint-Jacques.

M. DCC. LXXXIII.

Avec Approbation & Privilége du Roi.

ÉPITRE DÉDICATOIRE

AUX HOMMES.

Mes bons amis, mes ſemblables, mes frères, hommes de tous les Pays & de toutes les Nations, c'eſt pour vous que j'ai fait cet écrit; c'eſt à vous que je l'adreſſe. Tout homme, en naiſſant, contracte l'obligation d'être utile aux autres; ce devoir lui eſt impoſé par la Nature. Heureux celui qui, pendant ſa vie, peut remplir cette douce & reſpectable Loi! Heureux celui qui peut la remplir d'une manière intéreſſante pour l'humanité! Il ſe rendra témoignage d'avoir rempli ſa carrière; il mourra content; & ſa mémoire ſera long-temps en vénération. Voilà ce que j'ai ambitionné, & ce que j'ai tâché de faire, autant que je le pouvois dans ma ſphère obſcure. Puiſſe mon Ouvrage être utile; c'eſt déſormais la ſeule conſolation que j'attends ſur la terre. Elle me dédommagera des persécutions que j'ai trop long-temps essuyées, & des maux innombrables que je n'ai cessé d'éprouver pendant soixante ans de peines, & de travaux.

AVERTISSEMENT

PRÉLIMINAIRE.

UN Traité qui enſeigne à conſerver les Grains, doit, ſelon moi, être regardé ſans contredit comme un Ouvrage utile, puiſque parmi les Nations policées que nous connoiſſons ſur la ſurface de la terre, il n'y en a aucune qui ne ſe nourriſſe de grains farineux. Cette conſidération de grande & générale utilité doit faire excuſer les défauts qu'offrira mon Ouvrage, ſoit dans ſa forme, ſoit dans ſon ſtyle. Ma profeſſion n'eſt pas celle d'Auteur, ni mon talent celui d'écrire. Simple Artiſan ſans fortune & ſans nom, né de parens dont l'état étoit de conduire un Moulin ou une Charrue, je fus dès mon enfance deſtiné par eux à la même condition.

Cependant, ſoit diſpoſitions de la nature, ſoit tout autre ſentiment que je ne connois pas, bientôt je me ſentis l'ambition de faire mieux qu'eux encore. A peine avois-je ſeize ans, que déjà mille idées fermentoient dans ma tête. Je regardois avec le plus grand plaisir un Moulin. A la vûe de cette belle machine, l'une des plus utiles & des plus ingénieuses qu'ait inventées l'esprit-humain, j'étois transporté d'admiration; mais il me sembloit qu'on pouvoit la perfectionner encore. Dans ce dessein, peu content de ce que je savois, je résolus de parcourir tout le canton où j'étois né, canton renommé par l'habileté de ses Meûniers. Dès que j'entendois parler d'un homme qui, dans cette profession, avoit quelque réputation, aussi-tôt j'allois m'établir & travailler chez lui. Ainsi, en peu d'années, j'appris tout ce que je pouvois apprendre de mon métier, ou plutôt je m'apperçus que je n'avois presque rien appris, n'ayant trouvé par-tout qu'une pratique & une routine aveugles, sans raisonnement ni principes. Aujourd'hui j'ose me vanter qu'il y a peu d'hommes en France qui connoissent mieux que moi la construction, l'art & le mécanisme d'un Moulin. J'ai tâché de le prouver dans le *Manuel du Meûnier*, Ouvrage que j'ai publié il y a huit ans, & dans le *Traité de la Mouture*, autre Ouvrage fait par ordre du Gouvernement : mais ce que je ſais ſur cet art, je le dois en partie à mon expérience & à mes réflexions.

Je l'exerçois moi-même en paix & avec fruit, lorſqu'un événement, que je ne pouvois guères prévoir, vint me tirer du ſein de ma famille, & me tranſporter dans la Capitale, où m'attendoit un peu de renommée, avec beaucoup de malheurs & de perſécutions. La Mouture Économique, maintenant ſi répandue & ſi célèbre, n'étoit guères connue alors que dans quelques cantons de l'Iſle-de-France ; encore n'étoit-ce qu'une eſpèce de myſtère & de ſecret, que poſſédoient ſeulement quelques adeptes. L'Adminiſtration de l'Hôpital-Général de Paris en ayant entendu parler, voulut la faire connoître dans cette grande Ville & l'adopter pour elle-même. Dans ce deſſein, elle réſolut de m'employer. L'Hôpital, par la quantité conſidérable de bouches qu'il a journellement à nourrir, par le Moulin qu'il entretenoit ſur la Seine à cet effet, étoit particulièrement propre aux nouvelles expériences. J'arrivai en 1763, & je commençai les miennes.

Je ne répéterai point ici ce que tout le monde ſait, & ce qui a été tant de fois dit & redit dans les Papiers Publics ; l'éclat & la publicité qu'on leur donna, les ſuccès dont elles furent couronnées, & les procès verbaux qui conſtatèrent ces ſuccès. Alors mon nom fut connu ; j'acquis tout-à-coup une ſorte de réputation ; mais, hélas ! que cette chétive gloire m'a coûté depuis de malheurs & de chagrins !

Le profit conſidérable qui réſultoit de la nouvelle mouture, étoit trop réel pour ne pas tenter les Meûniers de la Capitale & des environs. Bientôt en effet tous l'adoptèrent. Le Gouvernement voulant l'étendre également par-tout le Royaume, m'envoya ſucceſſivement à Lyon, à Dijon, à Montdidier, à Troyes, à Rouen, à Bordeaux, &c, &c. Mais par-tout je n'éprouvai que des dégoûts; tant les hommes ont de peine à quitter leurs préjugés, même lorſqu'ils y trouvent leur intérêt.

Cependant la vérité a prévalu enfin. A force d'entendre vanter les avantages de la Mouture Économique, on a commencé à la croire utile; peu-à-peu elle s'est propagée; on l'a adoptée dans différens cantons; & aujourd'hui elle est connue & employée avec succès dans le Lyonnois, la Guyenne, la Bourgogne, l'Alsace, la Flandre, la Picardie, la Champagne, la Normandie, la Bretagne & le Poitou, Provinces avec lesquelles j'ai toujours entretenu des correspondances réglées, & où j'ai envoyé successivement, en divers temps, de mes Elèves.

Peut-être néanmoins y avoit-il un autre moyen plus court encore, & tout aussi sûr, pour la répandre en peu de temps par-tout le Royaume; mais ce moyen il n'appartenoit qu'au Gouvernement de l'employer: c'étoit de faire composer, par un homme instruit sur ces matières, un petit Traité-pratique, simple, sans verbiage, & très-abrégé, dans lequel auroient été expliqués les avantages & la méthode de la Mouture Économique, & de faire distribuer ce Traité dans les villes & villages, par les Intendans des Provinces, aux Meûniers, aux Seigneurs, aux Corps Municipaux, &c. L'intérêt, qui est le mobile principal de toutes nos actions, eût immanquablement déterminé un grand nombre de personnes à la faire essayer dans leurs Moulins; & bientôt leur exemple auroit entraîné les autres. C'est l'idée qu'avoit eue M. Bertin; il se proposoit de l'exécuter, & lui même me fit l'honneur de me le dire. Mais divers événemens ayant détourné ailleurs sa bonne volonté, le projet n'a pas eu lieu.

Le Gouvernement Anglois avoit senti, ainsi que celui de France, combien devoit être accueillie la découverte de la mouture nouvelle. En 1769 & 1770, il me fit proposer de passer à Londres pour l'y établir. La jalousie Britannique, qui ne voit jamais qu'avec dédain ou avec aversion ce que produit la France, céda alors à l'intérêt national. On me promettoit une fortune & des récompenses. Ni l'un ni l'autre ne me tentèrent. Je refusai sans hésiter, persuadé qu'aller dans ces circonſtances ſervir un Pays étranger, c'étoit trahir le mien. Hélas ! je ne prévoyois guères que j'aurois bientôt à me repentir d'avoir été trop bon Patriote.

Quoi qu'il en ſoit, dès l'année 1762 j'avois jeté ſur le papier quelques idées concernant cette Mouture, & je les avois ſucceſſivement remiſes année par année au Gouvernement. En 1767, j'en publiai une partie à Dijon, ſous le titre de *Mémoires*. Ce fut-là que j'eus occaſion de connoître M. Béguillet. Cet Écrivain ayant reçu, par la voie du Miniſtère, communication de tous les matériaux que j'avois amaſſés, m'aſſura, après les avoir lus, qu'il avoit formé le projet d'un Ouvrage ſur la même matière, & que ſi je voulois lui permettre de les employer, il m'en feroit l'honneur. J'y conſentis avec plaiſir ; il a tenu parole, & les a effectivement mis en œuvre dans ſon *Traité de la Mouture Économique*. Mais ce Traité malheureuſement, par ſon prix conſidérable, eſt hors de la portée des gens qu'il concerne ; & la découverte ne s'eſt pas propagée autant & auſſi vîte que le bien de la Patrie l'eût fait deſirer.

L'Ouvrage qu'on va lire roule ſur d'autres matières ; car en voyant le blé que j'avois acheté ſe gâter & germer dans mes greniers, je m'occupai des moyens de conſerver les grains ; en moulant de la farine, je méditai ſur les profits immenſes que la France pourroit faire avec l'Étranger, ſi au lieu de lui vendre du blé, elle vouloit exporter des Farines Économiques. Cette dernière idée me frappa particulièrement à Bordeaux, lorſque je fus envoyé dans cette Ville en 1765, par ordre du Gouvernement. Je pris la liberté de la communiquer au Miniſtre ; & ce que je dis à ce ſujet ſe trouve conſigné dans le *Traité de la Mouture Économique*. Moi-même, en 1769, je publiai ſur ce ſujet une Brochure que j'eus l'honneur de préſenter aux États de Bourgogne. Depuis ce temps pluſieurs gens inſtruits ont écrit pour prouver cette vérité ; & dans ce moment-ci, M. Parmentier vient de publier un *Mémoire ſur le Commerce des Bleds & des Farines*, où il la ſoutient comme eux.

Je ſuis infiniment flatté de voir ce dernier

Auteur être de mon avis en quelque chofe. Quant à moi,qui refpecte beaucoup fes lumières & fes connoiffances en différens genres, mais qui ne fuis pas non plus toujours du fien, & qui le crois plus éclairé en Chimie & en Pharmacie qu'en Meunerie & en Boulangerie, j'ai pris la liberté de le contredire fur certains points, comme on le verra dans la feconde Partie de mon Ouvrage. Ma Critique au refte tombe entièrement fur une autre de fes nombreufes productions, & elle étoit même rédigée avant le Traité que je publie. Auffi, quoiqu'elle paroiffe en même-temps, on y reconnoîtra néanmoins une main & un ftyle différens.

Sur le nouveau Mémoire de M. Parmentier, je me permettrai une feule obfervation, encore ne fera-ce que pour me défendre d'une attaque perfonnelle. Cet Auteur, en parlant des différentes fortes de mouture, rabaiffe fingulièrement celle que j'ai nommée *à la Lyonnoife* ou *mouture des Pauvres*. Si j'ai fait connoître & introduit dans Paris la Mouture Économique, fi je puis même me glorifier de l'avoir perfectionnée, j'avoue au moins qu'elle existoit avant moi, & que je n'en suis nullement l'inventeur ; mais il n'en est point ainsi de la mouture à la Lyonnoise : j'ose me vanter de l'avoir inventée ; & à ce titre il m'est permis, je crois, d'en entreprendre la défense quand on entreprend de la déprimer.

Cette mouture, dit M. Parmentier, *loin d'être un raffinement de la Mouture Économique, comme on l'a prétendu, n'en est, à bien dire, que l'abus, puisqu'elle n'est bonne qu'à faire des farines bises... Si les produits sont plus considérables, ce n'est qu'aux dépens du son dont on fait passer une partie dans la farine. C'est une erreur*, dit-il ailleurs, *de présenter la mouture à la Lyonnoise, comme le modèle de la perfection de l'art.*

Assurément, il est très-pardonnable à un galant-homme comme M. Parmentier, il est permis même à un Apothicaire - Major des Invalides, qui se fait Auteur Économique, de ne pas se connoître en mouture ; mais ce qui l'est moins, selon moi, c'est d'écrire, de trancher, de décider ſur cette matière, & de n'y rien entendre. Il me ſemble qu'avant de prononcer comme Juge, M. Parmentier auroit dû au moins, comme Apprentif modeſte, étudier les Livres qui en ont parlé, tels, par exemple, que le *Traité de la Mouture Économique.*

Là, il auroit vu que la mouture *à la Lyonnoiſe* ou *mouture des Pauvres*, n'a point été donnée, ainſi qu'il le prétend, comme *le modèle de la perfection de l'Art*, ni même comme un *raffinement de la Mouture Économique*, mais comme une méthode nouvelle & particulière qui, par le mêlange de toutes les farines & de tous les produits du bled, devenoit, pour une certaine claſſe d'hommes, plus avantageuſe que l'économique. Il auroit vu que ſi elle remoud les ſons, ce n'eſt point *pour les faire paſſer dans la farine*, mais pour enlever à l'écorce toutes les parties de farine que cette écorce peut retenir encore, & que l'œil y voit viſiblement adhérentes. Il auroit appris enfin que la mouture à la Lyonnoiſe ne convient ni pour le Bourgeois aiſé, ni à plus forte raiſon pour l'homme riche ; mais qu'enſeignant à ne faire aucune perte ſur le grain, & viſant au plus fort produit poſſible, elle doit convenir au pauvre, au bas peuple, & ſur-tout aux Maiſons de Charité ; qu'elle a été adoptée par l'Hôpital-Général de Paris, où, dans l'eſpace de quatre années, elle a épargné, ſelon le rapport de l'Adminiſtrateur, dix-neuf mille cent huit ſeptiers de bled ſur la conſommation (1) ; que ſi le pain qu'elle donne n'eſt point blanc, au

---

(1) Ce rapport ne s'étend que depuis 1763 juſqu'en 1766, incluſivement. Je l'ai demandé pour les deux années ſuivantes, & n'ai pu l'obtenir. Il auroit prouvé que pendant cet eſpace de temps j'avois encore bonifié de quatre pour cent environ le produit de la mouture dont il s'agit. Les détails en ont été rapportés dans les *Éphémérides du Citoyen*. En 176... le Parlement de Dijon, pendant un temps de cherté, fit faire à Cîteaux, ſur cette mouture, des expériences dont il a publié le réſultat, & qui en portent le produit bien plus loin encore ; mais tout ce travail m'eſt étranger ; &

moins il a la qualité bien plus intéreſſante d'être bon & ſalubre, & que celui qu'on fit à l'Hôpital lorſque les Adminiſtrateurs m'en confièrent les Moulins, fut par eux trouvé meilleur que celui qu'on y faiſoit auparavant.

Mais je rejette à la ſeconde Partie de mon Ouvrage tous les objets de diſcuſſion ſur leſquels je diffère avec M. Parmentier. Dans ce moment, c'eſt d'une matière bien autrement importante, c'eſt de l'Art de conſerver les grains & les farines qu'il s'agit. Je vais expoſer avec confiance les eſſais de mon zèle au Tribunal ſacré du Public. A lui ſeul appartiendra de prononcer ſur leur utilité réelle. Puiſſent-ils en avoir autant que je le deſire! Puiſſent-ils éclairer la Nation ſur ſes vrais intérêts, apprendre aux perſonnes chargées de l'Adminiſtration les moyens heureux de faire le bien, & quand elles le négligeront,

---

d'ailleurs il faut convenir que le pain que donnoient les farines de Cîteaux, ne pouvoit guères ſe manger que dans un moment de calamité.

faire naître dans toutes les parties du Royaume un cri universel qui les y oblige malgré elles !

TRAITÉ-PRATIQUE.

TRAITÉ-PRATIQUE
DE LA CONSERVATION
DES GRAINS ET DES FARINES,
PAR LE MOYEN
DES ÉTUVES DOMESTIQUES.

UN État qui, comme la France, récolte plus de bled qu'il n'en peut consommer, peut se flatter d'avoir, si non annuellement, constamment au moins, une branche de commerce considérable & lucrative avec l'Étranger. C'est-là une vérité reconnue, & qu'on a dite mille fois avant moi. Mais ce que j'ai dit le premier, ce que je répéterai sans cesse, & que je ne croirai jamais trop dire, c'est qu'au lieu d'exporter de France des bleds en nature, il faudroit les moudre chez nous, & n'exporter que des farines, qui sont d'un bien moindre encombrement & d'un bien plus grand profit. A cette proposition, je m'attends qu'on se récriera d'abord, & qu'on me répondra, (ne fût-ce que pour faire une plaisanterie) que je parle en Meûnier, comme le sieur **Josse** de la Comédie parloit en Orfévre. Mais, après avoir ri de la plaisanterie moi-me, je dirai que je crois permis à tout homme d'exposer ce qu'il sait, ce qu'il a pratiqué long-temps. Je prierai sur-tout qu'on écoute mes raisons; car j'ai beaucoup réfléchi sur la proposition que j'avance, & je crois avoir, pour la démontrer, beaucoup de preuves, & même des preuves démonstratives.

C'est un principe reconnu dans l'Economie politique, qu'il est de l'intérêt d'une Nation de manufacturer elle-même, autant qu'elle le peut, les denrées & les marchandises qu'elle exporte; parce qu'au prix de la vente première, elle ajoute encore par-là le prix de la main-d'œuvre : ce qui lui procure à la fois deux profits au lieu d'un. Mais si ce principe est vrai pour les marchandises ordinaires, pourquoi cesseroit-il donc de l'être pour le bled ? N'est-il pas évident qu'en moulant les nôtres chez nous, nous emploierons davantage nos moulins; que nous procurerons plus de subsistance & de travail à nos ouvriers; que nous augmenterons le revenu des Propriétaires, & par conséquent celui de l'État; & que tout cela se payera aux dépens de l'Étranger?

Non-seulement nos Moulins travailleroient davantage; mais il en est plusieurs qui sont abandonnés,

& qu'on répareroit : on en conftruiroit beaucoup de nouveaux ; & par-là, combien de Charpentiers, de Menuifiers, de Forgerons, de Fabriquans &c. employés ! Combien d'ouvriers dans la Tonnellerie pour les tonneaux & cerceaux qui deviendroient néceffaires !

Dans les campagnes, on a befoin de fons, de recoupes & de remoulages, pour engraiffer & nourrir les animaux. Je n'ai pas befoin de faire remarquer qu'en augmentant la mouture, il refteroit chez nous une quantité confidérable de fons, qui paffent chez l'Étranger avec nos bleds, puifqu'ils en font partie, & dont cet étranger profite : or, de l'augmentation des fons, doit réfulter néceffairement l'augmentation des beftiaux.

Mais, me dira-t-on peut être, cet avantage ne fera qu'illufoire, parce que pour faire d'une manière lucrative le commerce des farines, il y faut employer la mouture économique ; & que fi on emploie la mouture économique, les fons feront trop maigres, & ne pourront fervir à la nourriture des animaux. A cela je n'ai qu'un mot à répondre. La mouture dont il s'agit peut faire des fons maigres ou des fons gras, comme on veut. Il ne s'agit pour cela que de moudre plus ou moins gros, & d'avoir des bluteaux plus ou moins fins. D'ailleurs, combien de malheureux dans la claffe du peuple, & partout le Royaume, font réduits à manger du pain ou de la bouillie d'orge, d'avoine, de feigle & de farrafin. Eh bien ! apprenons à bien moudre nos froments ; tirons-en tout le parti possible ; alors le pauvre pourra manger de ce pain ; & les grains de qualité inférieure dont il s'est nourri jusqu'ici, seront consacrés désormais à la subsistance des bestiaux.

Dans les commencemens de mes opérations, lorsque la mouture économique faisoit du bruit dans Paris, on m'avoit de même objecté qu'en apprenant à tirer trop de parti des sons gras, elle alloit ruiner les Amidoniers, puisqu'ils ne trouveroient plus de recoupettes ni de gruaux gris, & que par conséquent ils ne pourroient plus exercer leur profession. Mais qu'est-il arrivé ? c'est que quand ces Artisans n'ont plus trouvé de sons gras de froment, alors ils ont essayé d'employer d'autres grains pour leur amidon. En effet, ils ont réussi ; ils n'en font presque plus aujourd'hui qu'avec de l'orge, & ils ont donné à cette marchandise une valeur dont s'applaudit beaucoup la Champagne.

La France est le seul Pays de l'Europe où l'on entende passablement bien la mouture ; c'est au moins celui où on l'entend le mieux. Si on savoit la pratiquer également bien dans toutes nos Provinces, je ne doute nullement que nos farines ne fussent recherchées par les Nations étrangères, comme le sont nos vins, nos sels & nos eaux-de-vie ; & que cette branche de commerce ne devînt aussi considérable, peut-être, que chacune des trois autres.

Ici je m'attends encore à une objection. On me dira, que dès l'instant où les autres Peuples nous verront manufacturer avantageusement & habilement nos grains, ils apprendront à nôtre exemple à manufacturer de même les leurs, & que quelques-uns même entreprendront d'en faire, comme nous, un objet de commerce. Eh bien, Messieurs, si les autres Nations vous imitent, le systême que je vous propose a donc un prix, & vous devez l'adopter à l'instant. Mais d'ailleurs soyez tranquilles. Il est des États qui, par la nature de leur sol, ou par le caractère de leurs habitans, ne se livreront jamais à ce genre de spéculation. Quant à ceux qui voudroient l'embrasser, il leur faudra bien des années avant d'arriver, pour la mouture, au point de perfection où nous en sommes; &, pendant ce temps, nos farines auront pu acquérir une réputation qu'ils viendroient difficilement à bout de balancer.

Ce n'est pas tout encore. En même-temps que s'établiront sur nos côtes & dans quelques-unes de nos Provinces, des Entrepreneurs qui feront en grand le commerce des farines, en les exportant au-dehors, il se formera aussi des Fariniers qui feront un commerce intérieur dans le Royaume, & qui vendront aux pauvres de la farine en détail. C'est-là une des choses que je desirerois le plus de voir établies; & il faut avoir, comme moi, habité les campagnes, pour imaginer combien elle seroit utile. Le Paysan, le Manouvrier, sont les gens du monde pour qui le temps est le bien le plus précieux. Comme c'est le bon emploi du temps qui les fait vivre, celui qu'ils perdent ſans fruit eſt pour eux un inconvénient fâcheux & un malheur réel. Or, imaginez tout ce qu'en perdent ces malheureux par les arrangemens ordinaires.

Suppoſons un Payſan chez qui la farine va manquer, & qui, dans quelques jours, aura beſoin de pain. Il faut alors que lui ou ſa femme aille au marché. Le bled eſt-il acheté, il faut qu'il le porte au moulin, & qu'il reſte là, en attendant ſon tour, juſqu'à ce que ſon grain ſoit moulu. Que ſera-ce, ſi par un nouvel accroiſſement de dépenſes ajouté au prix de la denrée, il eſt obligé de louer une bête de ſomme pour la porter & la rapporter? Que ſera-ce s'il trouve un Meûnier fripon ou ignorant, qui lui faſſe tort ſur ſa moûture; un Meûnier négligent qui, faute de ſoins, ou pour aller plus vîte, lui donne un mauvais moulage? Ce dernier inconvénient chez les pauvres eſt malheureuſement preſque inévitable. Comme ils n'apportent d'ordinaire qu'une petite quantité de bled, parce que leurs facultés ne leur permettent pas d'en acheter davantage, ſouvent il eſt paſſé ſous les meules avant que le Meûnier y ait regardé. Celui-ci le livre tel quel à la pauvre Ménagère, qui retourne le ſaſſer chez elle.

Mais remarquez que, comme la farine eſt chaude, & qu'on n'a pas le temps de la laiſſer repoſer, on la ſaſſe mal, & qu'il reſte de la bonne farine avec le ſon; de même qu'il reſte du ſon avec de la farine. Veut-on ſaſſer plus ſec? la farine eſt compacte; la pâte ne prend pas d'eau; le pain reſte plat, & ne lève pas ſuffiſamment au four: il eſt peu nourriſſant, mal-ſain, & propre à engendrer des maladies.

Établiſſez au contraire des Marchands de farine; & dès l'inſtant tous ces inconvéniens ceſſent. Le Farinier, obligé d'avoir une proviſion de marchandiſe pour ſon commerce, n'en a par conſéquent que de sèche & propre à être employée. Son intérêt étant d'avoir, comme on dit, des pratiques, il doit chercher à les bien ſervir; parce que, s'il trompe une fois, on ne retourne plus chez lui. L'Acheteur ne perd plus de temps comme dans l'autre méthode: a-t-il un écu? il envoie ſa femme chez le Farinier, faire ſon emplette. L'inſtant d'après, celle-ci peut pêtrir; & quelques heures lui ſuffiſent pour avoir du pain.

Dans les marchés publics, on voit quelquefois le bled renchérir, ſans qu'on devine pourquoi. Le peuple, naturellement ſujet à s'effrayer ſur cet objet, qui eſt pour lui le plus important de tous, accourt, avec le peu d'argent qu'il a, pour faire ſa proviſion avant que la cherté augmente; & il accroît encore l'alarme ſans le ſavoir. Le Fermier, qui voit la foule, ne manque pas d'en profiter; & tout à-coup, en peu d'heures, la denrée enchérit conſidérablement. S'il exiſtoit, comme je le propoſe, des Regrattiers de farine, ce malheur n'arriveroit pas; il ne reſteroit dans les marchés que les Boulangers & les Fariniers, qui, sachant mettre le prix au grain, suivant sa qualité, contiendroient le Vendeur. Le peuple, au lieu d'acheter du bled, iroit au magasin acheter de la farine, &, sans qu'il s'en doutât, il rétabliroit l'ordre; car les farines n'augmentent pas le même jour que le bled; souvent même ce n'est que douze ou quinze jours après, parce que celles que vend le Magasinier étant plus anciennes, ont été achetées avant que la cherté existât.

C'est sur-tout dans les Villes qui ont beaucoup de manufactures, & dans les gros Villages, que l'on devroit, afin d'épargner aux Ouvriers les embarras & la perte de temps dont j'ai parlé ci-dessus, établir de pareils magasins. J'en ai vu de mes yeux les bons effets à Lyon, à Dijon, & notamment à Troyes, en 1770, pendant quatre années de suite; j'en avois formé un moi-même dans ces trois Villes. Dès qu'il arrivoit au marché quelque augmentation sur le prix du bled, j'en étois instruit aussi-tôt par la foule de gens qui accouroient chez moi; & j'atteste toute la Ville que je n'en vendoit pas pour cela, ces premiers jours, ma farine plus cher. Content d'un bénéfice raisonnable, & qui duroit toute l'année, j'accommodois tout le monde; aussi les Villages des environs venoient-ils se fournir à mon magasin, & il n'étoit pas rare d'y voir quelquefois jusqu'à cent paysans avec leurs ânes ou leurs chevaux. Aujourd'hui presque tous les Meûniers de ces trois Villes font ce commerce, & tout le monde s'en applaudit.

Pour exécuter dans toute ſon étendue le projet que je propoſe, pour le rendre auſſi utile qu'il peut l'être, je ſouhaiterois que le Gouvernement établît des écoles de mouture, où les élèves Meuniers iroient apprendre leur profeſſion. Ceci eſt plus important qu'on ne l'imagine au premier coup d'œil. La mouture en France approche de ſa perfection ; mais la méchanique & la conſtruction des moulins y ſont encore dans l'enfance.

C'eſt-là une vérité tellement reconnue par les gens inſtruits, que l'Académie des Sciences vient d'en faire le ſujet du prix qu'elle adjugera l'année prochaine à ſon aſſemblé publique d'après Pâques 1784. Elle propoſe *de perfectionner la conſtruction des moulins à eau, ſur-tout de leur partie intérieure, de manière qu'ils ſoient plus ſimples, s'il eſt poſſible ; qu'ils donnent & plus de farine, & des produits plus diſtincts dans la qualité de ces farines ; que par la réunion & le jeu des bluteries, à meſure que la farine eſt extraite du grain, ils deviennent propres à la nouvelle eſpèce de mouture adoptée depuis quelques années dans les moulins de Corbeil & dans quelques autres voiſins de la Capitale ; enfin, qu'ils renferment différentes méchaniques, pour qu'ils puiſſent, au moyen de la force qui les fait mouvoir, produire les divers effets néceſſaires à leur ſervice.*

Dans le choix que l'Académie a fait de ce ſujet, préférablement à tout autre, dans la manière étendue dont elle l'a enviſagé & dont elle le propoſe, on reconnoît toujours un Corps aussi éclairé qu'ami du bien public. Cependant, sans m'écarter en rien du respect que j'ai pour cette Compagnie estimable, respect qu'elle mérite à tant d'égards, je me permettrai une observation sur son programme.

La mouture dont elle parle, & qu'elle désigne sous cette dénomination, *adoptée depuis quelques années dans les moulins de Corbeil*, est la mouture économique que j'ai fait connoître & introduit dans Paris, il y a vingt ans. On lui a donné le nom d'*économique*, parce que réellement elle a procuré sur le grain une *économie* réelle, en apprenant à tirer des gruaux une farine qui, jusqu'alors, avoit été perdue pour le consommateur. C'est sous le nom d'*économique* qu'elle a été annoncée, prônée, combattue; c'est sous ce nom qu'en ont parlé les Papiers publics & tous les Écrivains qui en ont traité; c'est sous ce nom enfin qu'elle est connue par toute la France. D'après cela, j'ai été surpris de voir l'Académie la désigner sous un autre titre. Ce n'est point seulement *dans les moulins de Corbeil & dans quelques autres voisins de la Capitale*, qu'on l'a adoptée; c'est dans tous ceux de cette Capitale même, & dans presque toute l'Isle-de-France entière. D'ailleurs cette expression, *la nouvelle espèce de mouture adoptée* DEPUIS QUELQUES ANNÉES *dans les moulins de Corbeil*, ne peut-elle pas induire en erreur ceux qui concourront, & leur faire croire qu'il s'agit d'une autre mouture encore, découverte nouvellement à Corbeil, & différente de la mouture économique?

Quoi qu'il en soit de ces observations, que je soumets au Corps savant qui les a occasionnées, il est certain que les moulins ont, comme beaucoup d'autres machines utiles, besoin d'être perfectionnés encore, sur-tout dans les provinces où la bonne mouture n'est pas encore connue. Quant à nos bons Meûniers économiques, ils approchent bien de la perfection, si quelques-uns n'y sont pas déjà arrivés. Dans les campagnes sur-tout, où l'on n'a pour construire les moulins que des ouvriers grossiers & ignorans, ils sont d'une imperfection qui révolte. Lourds & massifs, il leur faut, pour tourner, un gros volume d'eau ; ce qui oblige les Meûniers d'arrêter les ruisseaux ; ce qui submerge & inonde au loin les campagnes & les champs, occasionne des procès sans nombre, &, pour plus grand mal encore, forme des marais, dont les exhalaisons mal-saines produisent des maladies. Dans les écoles dont je parle, on apprendroit aux élèves, non-seulement la mouture & la conservation des bleds & farines, mais encore l'art de conduire un moulin, de piquer & de monter les meules. On leur enseigneroit aussi un peu de dessin, afin qu'en cas de nécessité, ils pussent fournir à un ouvrier le modèle des pièces qu'il leur faudroit. Le Roi & les Hôpitaux ont, dans le voisinage de la Capitale, des moulins qui, pour un moment de besoin pressant, doivent fournir des farines à cette Ville. Sans changer la fonction importante de ces moulins, ne pourroit-on pas les employer en même-temps à ſervir de lieux d'inſtruction ? Ne pourroit-on pas y en employer d'autres dans la Ville même ? Déjà le Gouvernement y a établi une école publique & gratuite de Boulangerie ; & cette inſtitution mérite tous les éloges poſſibles, puiſqu'elle a pour but d'enſeigner & de perfectionner l'art qui, ſans contredit, peut être regardé comme un des premiers de tous. Mais pour faire de bon pain, il faut de bonne farine ; & une école de mouture me paroît pour le moins auſſi importante qu'une école de boulangerie.

Paris contient trois Corps militaires, dont un a la garde de la ville, & les deux autres contribuent à ſa police ; ce ſont le Guet, les Gardes-Françoiſes & une partie des Gardes-Suiſſes. Les Soldats du premier & du dernier Corps reçoivent leur paye entière en argent, & ſe fourniſſent eux-mêmes de pain. Les Gardes-Françoiſes, au contraire, ont une boulangerie montée, à laquelle ils ſe fourniſſent ; & cette boulangerie, l'une des plus belles de la Capitale, ſans contredit, eſt, pour l'ordre, la propreté, la ſubordination & l'économie qui y règnent, un objet digne de l'attention des curieux. Conjointement avec ſa boulange, ce Régiment a encore un magaſin de farines qui lui eſt propre, & qui lui fournit toutes celles qu'il peut conſommer. L'Hôtel des Invalides, l'Hôpital-Général, ont chacun auſſi deux établiſſemens pareils, & auſſi bien ordonnés. Je deſirerois que le Corps du

Guet, que les Gardes-Suiſſes, les Pompiers, & autres Corps ſemblables, euſſent de même chacun, & une boulange qui fourniroit du pain, en déduction d'une partie de la paie, à tous les ſoldats de la troupe, & un magaſin qui approviſionneroit de farine la boulange. Tous ces magaſins particuliers devroient toujours avoir en avance, au-deſſus de leur conſommation, une proviſion un peu conſidérable; & je ne crois pas aller trop loin, en faiſant monter à ſeize ou dix-huit mille ſacs la proviſion réunie de ces différens établiſſemens; mais de-là réſulteroient deux avantages conſidérables pour Paris.

1°. Le Soldat de la garde de la Ville, étant obligé d'acheter ſon pain comme le Bourgeois, il le paie forcément au même prix que celui-ci. Si le pain vient à renchérir, ſa paie alors ne lui ſuffit plus; il ſouffre plus que les Bourgeois encore, parce qu'il n'a pas les mêmes reſſources de travail pour gagner. En vient-on aux cris, il crie avec la populace. Enfin, les choſes vont-elles juſqu'à une émeute; alors, s'il ne ſe mêle pas avec les mutins, parce que ſon habit le trahiroit, & que la ſubordination à laquelle il eſt accoutumé le contient, au moins il formera ſecrettement des vœux en leur faveur; il feindra de ne pas voir leurs excès; &, loin de chercher à les diſſiper, peut-être ſe prêtera-t-il un peu au déſordre. Qu'on ne diſe pas que ce ſont-là des ſuppoſitions chimériques; je dis ce qui eſt arrivé & ce que j'ai vu. Mais j'ajoute que ſi les troupes qui ſont chargées de la Police d'une Ville avoient leur pain aſſuré & indépendant des renchériſſemens paſſagers, alors on pourroit compter invariablement ſur leur zèle & leur fidélité dans les cas dont je parle.

2°. L'approviſionnement de bled & de farine qu'exige une Capitale telle que Paris, étant immenſe, les Magiſtrats qui ſont chargés d'y veiller ne croyent jamais prendre trop de précautions; & en cela leur prudence eſt d'autant plus louable, qu'à la moindre apparence de danger, le Peuple eſt ſujet à prendre l'effroi, & que dans ſa terreur il ne connoît plus de frein. C'eſt pour éviter ce malheur, que les Magiſtrats veillent à ce que certaines perſonnes ayent toujours en réſerve une quantité de farine capable de fournir à l'inſtant la Halle dans un moment de beſoin. Je le répète, on ne ſauroit trop applaudir à de pareilles précautions; mais il faut remarquer cependant que ces précautions ne peuvent pas s'exécuter ſans quelque dépenſe: car enfin, il ne ſeroit pas juſte que les perſonnes qui ſe chargent de ces magaſins de réſerve, le fiſſent gratuitement. Or, ſuppoſez, comme je viens de le dire à l'inſtant, ſeize à dixhuit mille ſacs de farine dans les greniers des Hôpitaux ou des Corps Militaires de la Ville, dès-lors vous n'avez plus beſoin des gens dont nous parlons. Dès que la Halle ne ſeroit plus fournie ſuffiſamment, & que les prix commenceroient à hauſſer, on y feroit porter une certaine quantité de ce trop-plein, qui ſeroit vendu au cours, du marché; & bientôt l'équilibre ſeroit rétabli. D'ailleurs il y auroit toujours à gagner pour le Corps, puiſqu'il auroit acheté ſon bled dans un moment où il étoit à bon compte, & qu'il le vendroit en farine dans un moment où cette farine auroit renchéri: ce qui seroit à-la fois faire son bien propre, & faire le bien public. Quant aux frais de manœuvre pour les farines & le bled, ils ne coûteroient presque rien, ou peu, parce qu'au moyen de quelques gratifications elle se feroit par les soldats de la troupe; & pour l'emplacement qui y seroit nécessaire, le Gouvernement pourroit leur accorder quelque bâtiment près de la rivière, comme l'Arsenal ou l'ancien Couvent des Célestins.

Tout ceci, au reste, ne regarde que la Capitale, & je porte mes vûes plus loin; car, encore une fois, c'est le bien de ma Patrie que je veux, & ce ne sont point des chimères que je propose. J'ai long-temps médité mes idées; j'en ai conféré avec des gens instruits, qui, après avoir fait leurs objections & avoir entendu mes réponses, ont fini par être de mon avis. Je les ai communiquées à des hommes en place qui ont paru les approuver. Je demanderois donc que le Gouvernement élevât le long de nos côtes, tant sur la Méditerranée que sur l'Océan, des établissemens de mouture en grand, qui feroient le commerce de farine avec les pays étrangers.

Tout le monde sait que la Guyenne, le Poitou & la Saintonge fournissent en très-grande partie les farines que consomment nos Colonies Françoises; & l'on sait en même-temps combien ce commerce est avantageux pour les Provinces qui le font. Moi-même j'en fus frappé quand j'allai dans ces cantons par ordre du

Gouvernement. Mais je me demandai en même-tems, pourquoi ils n'avoient pas entrepris de porter des farines chez les différentes Nations de l'Europe, comme ils en portoient dans les Isles d'Amérique & dans l'Inde. Je fus surpris aussi, je l'avoue, que les Provinces maritimes fussent les seules qui se livrassent à ce genre de spéculation, & que celles de l'intérieur du Royaume, lesquelles la plupart produisent d'excellent bled, n'y eussent point songé. Dans une circonférence de dix à douze lieues environ autour de la Capitale, le commerce des farines est en vigueur, parce que la consommation de cette Ville en exige beaucoup; mais dans tout le reste de l'intérieur du Royaume il est inconnu & presque nul, ou n'a commencé que depuis peu de tems.

D'après mes idées, je formai donc des spéculations à mon tour. Arrivé dans le Lyonnois & dans la Bourgogne, je fis faire des farines que j'envoyai à Marseille, après avoir pris, pour leur conservation, les précautions dont je parlerai ci-après. A Marseille, elles subirent l'épreuve du biscuit; puis on les fit passer aux Colonies, où elles arrivèrent en très-bon état, & où elles furent bien vendues.

J'eusse continué avec plaisir ce genre nouveau de commerce, qui d'ailleurs auroit été avantageux pour moi; mais j'avois été obligé d'envoyer mes farines par terre, & les frais de voyage qu'elles me coûtèrent, joints aux droits que les Commis de la Douane me firent payer malgré le *transit* que j'avois pris pour certifier leur destination, furent si considérables, que je renonçai

renonçai pour toujours à mes projets. En vain je portai mes plaintes de cette dernière vexation; en vain je présentai un procès-verbal qui témoignoit l'embarquement de mes farines: on me fit beaucoup de promesses, mais les trois cens francs environ que j'avois payés en droits, ne me furent pas remis. Cependant M. de Trudaine, qui m'avoit encouragé à faire mes premiers essais, m'exhortoit encore à continuer. Il me disoit que des considérations particulières ne devoient pas l'emporter sur le bien de l'État, & m'assuroit que le Gouvernement, après avoir vu avec intérêt mes spéculations, sauroit un jour m'en dédommager. Hélas! de pareils sacrifices ne coûtent rien aux personnes généreuses qui ont une fortune assurée; mais moi, je n'en avois aucune; pouvoient-ils m'être permis.

Au reste, malgré l'interruption qu'éprouva mon entreprise & mes premières tentatives, je puis, à ce que je crois, me glorifier d'avoir ouvert, le premier, une nouvelle branche de commerce & de correspondance entre les Colonies & l'intérieur du Royaume. J'ignore si, à mon exemple, d'autres l'ont suivie; mais ce que je sais, c'est qu'à la portée de la Marne, de la Saône, de la Seine & de la Loire, nous avons plusieurs Provinces sans débouchés, qui pourroient cependant être ainsi vivifiées, si des gens actifs & intelligens vouloient y tirer parti des denrées surabondantes, & si le Gouvernement daignoit les seconder & les favoriser.

Ce ne seroit-là néanmoins que la moitié de l'exécution de mes idées. Il resteroit encore, comme je le deſire pour le bien du Royaume, qu'outre le commerce des farines de toutes nos Provinces avec les Colonies, elles puſſent en ouvrir un avec les pays éttangers. Mais celui-ci, on ne peut l'entreprendre avec nos moutures actuelles, qui la plupart ſont très-imparfaites, & ne ſont pas aſſez multipliées. On ne le fera fleurir qu'en établiſſant ſur nos côtes, & à la portée des rivières & des ports, des fabriques en grand. Or, ces établiſſemens il n'appartient qu'au Gouvernement de les faire.

Par-là, cependant, je n'entends point propoſer au Gouvernement des conſtructions diſpendieuſes, dont après une guerre trop diſpendieuſe elle-même, il ne voudroit ni ne pourroit ſe charger. Non, il ſe trouvera de riches Seigneurs, des Négocians éclairés, de groſſes Abbayes, qui les entreprendront, ſi on leur en démontre l'avantage certain. Dans la Provence, dans le Languedoc, la Bretagne, l'Artois, les États pourront en faire la dépenſe. Il ne s'agit encore une fois que de prouver l'utilité qui en réſultera; il ne s'agit que d'encourager, ou tout au plus, ſi la choſe eſt néceſſaire, d'exciter les Entrepreneurs par quelque grace, quelque diſtinction ou privilege particulier. Un moulin tel que ceux dont il s'agit, avec des magaſins d'une certaine étendue, peut, dans un tems de guerre, offrir une défenſe & une retraite contre une deſcente qu'entreprendroit l'ennemi. C'eſt au moins ce que m'ont aſſuré des Militaires inſtruits. Peut-être ſeroit-il de la ſageſſe du Miniſtre de la guerre d'en élever quelques-uns dans certains postes importans ; mais ceux-là seroient les seuls que le Gouvernement construiroit à ses frais. En temps de paix, ils serviroient de corps-de-garde & de cazernes. Les troupes qu'on y logeroit y trouveroient leur subsistance assurée, en leur faisant monter une boulangerie telle qu'en a dans Paris le Regiment des Gardes-Françoises. On pourroit même, moyennant une légère augmentation de paie, les employer à la manutention des fabriques & au remuement des farines.

Les personnes qui blâment l'exportation des bleds comme dangereuse pour l'État, ne manqueront pas de s'élever sans doute contre la sortie des farines. Mais qu'elles me permettent une observation bien simple ; c'est que toutes les fois que le Gouvernement voudra, il sera toujours le maître d'arrêter l'exportation à son gré. Aux mois de Juillet & d'Août, on sait si la moisson sera favorable ou non. A-t-elle été abondante ? il peut permettre aux bleds de couler vers les fabriques des côtes. Y a-t-il une Province où l'on n'ait récolté que ce qui est nécessaire pour la consommation ? il en ferme la porte, & n'en laisse rien sortir. Enfin, l'année a-t-elle été peu abondante, & la prudence exige-t elle qu'on arrête toute exportation quelconque ? les Propriétaires & Entrepreneurs des fabriques dont nous parlons, font venir des bleds des Pays étrangers ; ils les manufacturent, & les envoient ensuite ailleurs. Par ce moyen les établissemens ne chomment jamais, le commerce va toujours, & cependant le Royaume ne court aucun risque.

Si, malgré ces reſſources, il ſe trouvoit des fabriques qui, dans certains momens, manquaſſent d'ouvrage, il leur ſeroit aiſé de cuire du biſcuit, tant pour la fourniture de nos vaiſſeaux que pour vendre à l'Étranger. Comme le biſcuit bien fait ſe garde pluſieurs années, on ne riſqueroit rien d'en faire une proviſion pour les temps où l'on auroit d'autres travaux. Les établiſſemens formés ſur les côtes de la Méditerranée, étant à portée d'avoir des bleds de Barbarie, pourroient faire du vermichel pour le même uſage ; & l'on ſait que cette nourriture eſt excellente, dans les voyages de mer, pour les ſoldats & matelots, tant malades, qu'en ſanté.

Mes idées ne ſont peut-être ni aſſez étendues ni aſſez approfondies ; mais encore une fois on doit avoir quelque indulgence pour un pauvre Artiſan qui, ſans aucun talent de l'eſprit, propoſe avec confiance, par amour du bien public, tout ce qu'il croit utile. Des gens plus éclairés que moi pourront tirer parti de mes projets & les perfectionner. Loin d'en être jaloux, je les en féliciterai le premier ; & j'oſe certifier d'avance que perſonne aſſurément n'en ſera auſſi joyeux que moi. Mais je reviens à nos atteliers de mouture & à nos magaſins de farine.

La ſeule objection ſolide que l'on m'ait faite contre ces deux ſortes d'établiſſemens, c'eſt que tous deux ſuppoſant des amas conſidérables de farines & de bled, & ces deux ſubſtances étant ſujettes à ſe gâter & à ſe corrompre pour peu qu'on veuille les garder, il en résulteroit des pertes considérables, qui, d'avance, effraieront les Entrepreneurs. Il y a long temps que j'ai prévu l'objection: aussi, depuis bien des années, me suis-je occupé de chercher un remède au mal. Après bien des tentatives & beaucoup d'expériences dispendieuses, je crois l'avoir enfin trouvé. J'ai même été plus loin : car non-seulement je me flatte de conserver les farines dans toute leur bonté, projet que j'ai communiqué en 1765 au Ministère, & qu'il a fait insérer en 1775 dans le *Traité de la mouture Économique*, & dont je n'ai pu jusqu'à ce moment-ci, par le concours de diverses circonstances, publier moi-même les procédés ; mais je puis rétablir des bleds échauffés, & les rendre aussi bons qu'ils étoient d'abord, pourvu néanmoins que la putréfaction n'ait pas attaqué le cœur du grain, & que le germe ne soit pas altéré. Ces promesses paroîtront peut-être présomptueuses. Avant de me condamner, je demande, pour toute grâce, qu'on m'écoute. Je vais raconter ce que j'ai fait, il sera très-aisé de vérifier mes expériences ; mais au moins que l'on ne prononce pas contre moi avant de savoir si j'ai tort.

Ce qui m'inspira l'idée de travailler à découvrir un moyen de conserver les farines & à les préserver de la putréfaction, fut un fait qui se passa sous mes yeux lors de mon voyage à Bordeaux par ordre du Gouvernement. Pendant le séjour que je fis dans cette Ville en 1765, j'y vis embarquer, pour les Colonies, beaucoup de ces farines qu'ils nomment minot ; & je vis arriver en même-temps dans le Port, pour la même destination, plusieurs Bâtimens qui venoient du Hâvre, & qui portoient aussi beaucoup des mêmes marchandises, dont une partie sortoit des Moulins de Corbeil, & l'autre des Moulins de Pontoise. Assurément je ne doute pas que l'on ne connoisse très-bien la mouture dans ces deux Fabriques. Cependant toutes leurs farines étoient gâtées, & avoient une odeur forte, autre que celle du goudron, que communique quelquefois le Navire. Dans ces circonstances, plusieurs Négocians reçurent des Lettres de Cadix dans lesquelles on leur faisoit des reproches des farines qu'ils avoient envoyées, & où on leur apprenoit que ces marchandises étoient arrivées en putréfaction.

Alors je soupçonnai qu'il y avoit quelque défaut dans la manière dont travailloient la plupart de nos Fabriquans de l'Isle-de-France & de Normandie : car enfin leurs farines sont blanches, elles sont très-belles, & excellentes de leur nature. Cependant, je savois, & j'avois appris avec douleur, que les farines Angloises étoient préférées. Celles-ci ont moins de blancheur à la vérité, parce que les Anglois, de leur propre aveu, ne connoissent pas encore la bonne mouture, & qu'ils n'emploient même guères que la mouture brute : mais au moins elles n'ont pas d'odeur.

Je questionnai pourtant sur cet objet plusieurs Bordelois habiles ; mais je ne trouvai chez eux que des préjugés contre nos Provinces, des préventions en faveur de la leur, & point de raisonnemens. Ils me dirent que les meules de leur canton étoient supérieures aux meules des environs de Paris ; que les farines de Rouen (ils appellent ainsi toutes celles qui sortent du Hâvre) ne peuvent, ainsi que beaucoup d'autres, supporter le trajet de la mer ; que les leurs seules y sont propres ; & que d'ailleurs ils ont, pour les conserver, un art particulier.

Bien loin que ces raisons m'eussent convaincu, il n'y en avoit aucune au contraire contre laquelle je n'eusse pu faire les plus fortes objections. A la vérité j'avoue que, pour la blancheur, les meules de Bergerac, & celles de Nérac surtout, sont les meilleures de France. Elles conviennent particulièrement aux bleds de nos Provinces méridionales, qui de leur nature sont secs. Dans les Provinces septentrionales, au contraire, où ils sont plus humides, on préfère des meules vives & tranchantes, parce qu'elles détachent mieux le son du grain ; & ces meules nous les trouvons à la Ferté-sous-Jouarre. Nous avons aussi à Montmirel, sur la frontière de Champagne, des meules excellentes pour le seigle. Et je dirai ici en passant, que les seigles de Champagne sont, selon moi, les premiers de toute la France. Le seul défaut que je leur connoisse est d'être presque toujours mal criblés & remplis d'ordure ; ce qui annonce le peu de soin des Laboureurs de cette Province : mais quand ils ont un an, & qu'ils ont été bien conservés, ils donnent un pain qui, pour la blancheur & le goût, l'emporte sur tous les ſeigles du Royaume, & peut-être même ſur tous ceux de l'Europe. On peut y mêler à la mouture un ſixième ou un huitième de bled de Turquie; le pain en ſera meilleur encore. Avec un tiers ou moitié de froment, il ſera parfait. Mais je reviens à nos meules.

La Ferté en a auſſi de propres aux grains ſecs, ainſi que Nérac; mais il faut être très-connoiſſeur pour ſavoir les diſtinguer. D'ailleurs, à leur grain plus compact, les Meûniers les dédaignent; les accuſant, en termes du métier, d'être moins ouvrières & moins éveillées que les autres, & préférant, comme on l'imagine, celles qui ſont plus expéditives.

Je crois auſſi qu'avant d'employer les meules, il faut leur laiſſer acquérir, de même que les fruits de la terre, une ſorte de maturité. J'ai obſervé au moins que celles qu'on laiſſoit pendant trois ou quatre ans à l'air libre, en les garantiſſant de la pluie, étoient beaucoup meilleures que les pareilles en qualité, que l'on montoit ſans délai au ſortir de la carrière. Sans doute elles perdent, pendant ce temps de repos, une partie de l'humidité qu'elles contenoient, & deviennent plus dures.

Ainſi donc, la prétendue qualité que les Bordelois prêtent à leurs meules n'eſt nullement fondée; & c'eſt à tort qu'ils attribuent à cet objet une partie de la préférence qu'obtiennent leurs minots dans les Colonies. Ce qu'ils diſent ſur les bleds de nos Provinces Septentrionales, qu'ils regardent comme peu propres à paſſer la mer, n'eſt pas plus juſte.

Si le climat influoit à ce point ſur la qualité du grain, les bleds d'Angleterre ne devroient pas valoir mieux que ceux de la Brie, de la Beauce, de l'Iſle-de-France; & cependant on les préfère à ceux-ci dans les Colonies, comme je l'ai dit plus haut. Puiſque réellement ils ne ſont pas meilleurs de leur nature, il faut donc que leur mérite conſiſte dans l'art de les moudre & de les manœuvrer.

J'en dirois autant des farines de Nérac, tant vantées par les Bordelois. A en croire ces Meſſieurs, elles ne doivent leur qualité qu'au ſoin qu'on prend, avant de les moudre, d'en laver & d'en ſécher les bleds au Soleil. Mais les bleds de Montauban & de Moiſſac ne ſont pas lavés; & cependant ils donnent des farines bien ſupérieures encore à celles de Nérac, & qui arrivent également bonnes & ſaines aux Iſles.

J'ai entendu dire à des Minotiers, que pour conſerver les farines il faut les laiſſer en rame avec leur ſon. C'eſt-là, ſelon moi, une grande abſurdité. J'aimerois autant qu'ils me ſoutinſſent que, pour conſerver du vin, il faut lui laiſſer ſa lie. On s'en garde bien cependant; & l'on a raiſon. Veut-on lui faire paſſer la mer, on le clarifie de nouveau, on le ſoutire pluſieurs fois, on le dégage enfin de tout dépôt, parce que ces matières hétérogènes le feroient fermenter. Il en eſt de même de la farine; le ſon qu'on y laiſſeroit occaſionneroit une fermentation capable de l'altérer; & la preuve qu'il produit une fermentation, c'eſt que pour bluter la rame il faut attendre ce moment, & quand on l'a manqué, l'attendre une ſeconde fois, ſinon la denrée s'altère. En vain l'on me dira que le ſon pompe l'humidité de la farine; j'avouerai ne rien comprendre à ce raiſonnement. Je conçois bien à la vérité comment un corps appliqué contre un autre le dépouillera d'une partie de l'humidité qu'il contient, s'il eſt plus ſpongieux & plus ſec que lui. Mais ſi vous ſuppoſez deux matières tellement mêlées & confondues enſemble dans leurs plus petites parties, qu'elles ne faſſent plus qu'un même corps, alors je n'imagine pas, j'en conviens, comment toutes les parties de l'une ſeront ſèches & toutes les parties de l'autre humides.

Si les farines des Provinces méridionales ont quelque ſupériorité ſur les nôtres, ce n'eſt donc point par les raiſons qu'elles alléguent, puiſqu'aucune de ces raiſons n'eſt concluante. J'avoue pourtant qu'à mérite égal de mouture & de manœuvre, leurs farines auront la préférence lorſqu'on en fera du pain; j'avoue qu'elles produiront davantage, & que ce pain aura meilleur goût, parce que de leur nature les bleds méridionaux ſont plus ſecs à cauſe de la chaleur du climat; mais quant à la blancheur & au coup-d'œil, nos farines de Brie, de Beauce & du Soiſſonnois pourront le diſputer aux leurs; je ſoutiens même qu'en fin elles ſeront plus blanches. Si la plupart de celles de Rouen ne peuvent ſupporter la mer, ce n'eſt point (je le répéterai encore) parce qu'elles ont moins de qualité;

c'eſt par un vice de mouture & de manœuvre (1). A peine peuvent-elles ſe conſerver bonnes pour la Capitale. Eſt-il ſurprenant après cela qu'elles ne puiſſent arriver aux Iſles, & qu'on n'en trouve pas le débit chez l'Étranger. Leur défaut, diſent les Marchands, eſt de n'avoir ni corps ni âme, & par conſéquent aucune ſaveur ? Le climat y eſt naturellement humide ; cependant, on y a l'habitude de laiſſer les farines en ſacs pendant un mois ou deux, & ſouvent davantage, ſoit dans les Moulins, ſoit dans les Magaſins : de-là une humidité dangereuſe qu'elles contractent, & qui, en les faiſant fermenter, les corrompt bientôt. Un homme intelligent & attentif vuideroit de temps en tems ſes ſacs, & feroit ſécher & aërer ſa marchandiſe ; alors elle ſe conſerveroit mieux, & donneroit un pain de meilleure qualité, & qui foiſonneroit davantage. Mais ces petits ſoins demandent des attentions ; ils exigent quelques frais légers ; peut-être occaſionneroient ils même un déchet d'une ou deux livres par quintal ; c'en eſt aſſez pour y renoncer. On ne ſonge pas que les farines ſèches étant

(1) Les Papiers Publics ont annoncé depuis peu qu'à Nantes un ſieur Mélinet, Fabriquant de farines, faiſoit des minots qui avoient été envoyés dans les deux Indes & en Afrique, & que pluſieurs certificats de Capitaines de Vaiſſeaux & Armateurs atteſtoient être ſupérieurs en conſervation à ceux de Bordeaux, quoique beaucoup moins chers. On peut donc dans nos Provinces faire des minots auſſi bons, & meilleurs peut-être que ceux de Guyenne.

meilleures, le Boulanger qui en connoîtroit le mérite les achetteroit toujours de préférence, qu'il les achetteroit plus cher, & que par-là on ſeroit bien dédommagé des ſoins & des frais qu'il auroit pu en coûter.

Nulle part dans le Royaume, ni même peut-être dans l'univers, l'on n'a pouſſé l'art de la mouture auſſi loin que dans les environs de Paris. Nous l'emportons de ce côté-là ſur les habitans des Provinces méridionales; & ſi aujourd'hui quelques-uns d'entre-eux nous égalent ſur ce point, c'eſt qu'ils ont reçu nos leçons, & qu'ils en ont profité. Mais leurs Fabriquans l'emportent ſur les nôtres pour le talent de manœuvrer & de conſerver les farines.

Il eſt vrai que, par leur poſition aux extrémités du Royaume, ayant obtenu la libre exportation des farines, & s'en étant fait un objet important de commerce, ils ont dû s'appliquer plus particulièrement à cette conſervation. Dans nos Provinces ſeptentrionales au contraire ce commerce a été ſouvent très-gêné, parce que le Gouvernement, preſque uniquement attentif à l'approviſionnement immenſe qu'exige la Capitale, n'y a guères fait de loix que pour ce ſeul objet. De là il eſt arrivé que nos Fabriquans n'ayant à porter leurs farines qu'à une très-légère diſtance, la plupart ne ſe ſont point occupés du ſoin de les conſerver, & n'ont fait là-deſſus aucune découverte ni même aucune recherche.

Il en eſt pourtant quelques-uns parmi eux que

l'intérêt a éveillés, & qui, plus intelligens & plus habiles, peuvent même se vanter d'avoir réussi. Mais ils en ont fait un secret, qu'ils se sont bien gardés de communiquer. Pour moi, qui long-temps ai travaillé à découvrir le mystère, & qui, par mes expériences, crois être assuré de l'avoir découvert, je vais le révéler. Je dirai au moins ce que je sais, sans prétendre faire mieux que personne. D'autres peuvent avoir mieux vu encore. Eh bien! qu'ils imitent mon exemple, qu'ils instruisent comme moi la Nation ; & disputons tous à qui montrera le plus de zèle pour le bien public, & à qui sera le plus utile. Moi je commence, & voici mes observations & ma méthode.

Toutes les fois qu'on voudra exporter des farines, & que par conséquent il faudra songer à les conserver quelque temps, on aura soin avant tout de les faire avec des bleds les plus secs, les plus clairs & les meilleurs qu'il sera possible de trouver dans le Pays. Il seroit à-propos aussi qu'ils arrivassent à la fabrique par terre plutôt que par eau, à cause de l'humidité qu'ils peuvent contracter sur la rivière. Cependant cette dernière précaution n'est point d'une nécessité absolue; & si la voie de terre n'étoit point praticable, ou qu'elle fût trop dispendieuse, on pourroit sans risque employer l'autre; mais alors il seroit nécessaire, aussitôt que le grain auroit été débarqué, de le faire sécher avant de le moudre. Moi-même j'en ai employé de tels, qui ont parfaitement réussi.

Les premiers essais que je tentai en ce genre furent avec des bleds de seconde qualité, que j'avois tirés de la Bresse par la Saône. J'étois alors à Lyon; je les fis moudre dans cette Ville, avec la précaution dont je viens de parler, & les envoyai ensuite, par la voie de Marseille, en Amérique, où ils arrivèrent en très-bon état.

J'ai même poussé par la suite les tentatives & les succès plus loin. J'employai en farines destinées aux Colonies, des bleds récoltés pendant des moissons très-humides, & jusqu'à des bleds niellés. Il est vrai que les bleds niellés furent lavés plusieurs fois, & qu'ensuite ils furent séchés, ainsi que les bleds humides, à une étuve particulière, dont je donnerai ci-après la description. Mais cette expérience m'a convaincu que pour empêcher les grains de se gâter, soit après, soit avant d'être moulus, il faut principalement les dépouiller de l'humidité interne qu'ils contiennent, & que si dans les trajets un peu longs ils viennent à se corrompre, c'est parce que cette humidité, mise en action par la chaleur, les fait fermenter.

Quand le bled, de quelque manière qu'il soit arrivé, est bien sec, il faut le cribler avec soin, afin d'en enlever les ordures, les corps étrangers, & sur-tout la poussière, qui est aussi nuisible à la santé du consommateur, qu'à la conservation du grain. Dès qu'il est nettoyé, on le met sous la meule; mais ici il y a une observation à faire.

J'ai dit plus haut que dans les farines qu'on veut conſerver, il étoit important de ne point laiſſer de ſon, parce que c'eſt le ſon qui eſt la cauſe qu'elles fermentent; mais pour qu'il n'en entre pas dans celles dont nous nous occupons, il doit être tellement moulu que pendant la mouture il ne s'en mêle pas avec le gruau, ni pendant le blutage avec la farine. S'il étoit trop fin, néceſſairement il en paſſeroit avec l'un ou avec l'autre. Le point capital & le ſeul moyen d'éviter cet inconvénient, eſt donc de faire, en termes de Meûnerie, un gros ſon creux, ratiſſé pour ainſi-dire dans toute la longueur du grain. Pour cela la meule doit être plus ouverte qu'à l'ordinaire, & ne prendre le bled que de cinq à ſix pouces des bras de l'annille. Je conſeillerois encore, toutes les fois qu'on veut avoir des farines d'exportation, de rhabiller la meule, & de faire un rayon large en feuillère. Le grain alors ſe concaſſera mieux, & le ſon ſera plus gros & plus doux. Cependant je ne voudrois pas qu'on employât tout de ſuite, & ſans intervalle, la meule repiquée; il faut lui laiſſer paſſer ſon feu ſur d'autres farines, & ne s'en ſervir, pour celles dont nous parlons, qu'après deux, trois, & quelquefois cinq jours, ſuivant la nature de la pierre.

Le bled, en ſortant de deſſous la meule, offre, comme chacun ſait, trois produits différens; du ſon, des gruaux, & une farine fine, qu'on nomme farine de bled. Ces trois ſortes de matières étant mêlées &

confondues enſemble par la mouture, on ſe ſert du bluteau pour les ſéparer, & l'opération ſe fait d'ordinaire en même-temps que le grain ſe broie. Mais ce premier blutage ne ſépare que la farine de bled. Les deux autres produits reſtent encore mêlangés, & c'eſt ce qu'on nomme ſons gras.

Ordinairement on ſoumet tout de ſuite, & ſans intervalle, les ſons gras à un ſecond blutage. Celui-ci eſt deſtiné à ſéparer le ſon des gruaux; mais, comme le bluteau dont on ſe ſert alors a des paſſées de différens degrés de fineſſe, les gruaux eux-mêmes ſont partagés en trois ou quatre, de première, ſeconde, troiſième & quatrième qualité. On fait enſuite repaſſer ſucceſſivement ſous la meule, & même pluſieurs fois, chacun de ces gruaux; on les blute de nouveau chacun, pour en tirer la farine qu'ils contiennent encore; & ce qui reſte après ces opérations, eſt ce qu'on nomme groſſes recoupes & recoupettes.

Le remoulage des gruaux eſt ce qui conſtitue la mouture économique, laquelle tire, comme on voit, au plus fort produit poſſible. Je n'entre point dans un plus grand détail ſur cette matière, par ce que je l'ai traitée fort au long dans le *Manuel du Meûnier*, & dans le *Traité de la Mouture Économique*. Je dirai ſeulement que par cette mouture un ſeptier de bled peſant deux cent quarante livres, donne à-peu-près cent livres de farine de bled; le premier gruau, quarante à cinquante livres environ de farine ſupérieure; & les autres, qu'on nomme ſeconds gruaux

gruaux gris, trente-cinq à-peu-près de farine inférieure.

Quand on veut faire des minots pour exportation, il y a à prendre une précaution qui est très-sage & très-utile, quoiqu'elle ne soit pas absolument nécessaire; c'est de ne pas bluter les sons gras immédiatement après la mouture, mais de les étendre sur un plancher, & de les laisser-là pendant quelque temps, en ayant soin de les remuer, pour leur faire perdre la chaleur que leur a communiquée la meule, & l'humidité superflue qu'ils pourroient contenir. On ne les fera passer par le bluteau que lorsqu'ils seront bien secs & bien rafraîchis.

Je viens de dire ci-dessus que les gruaux, en repassant sous la meule, donnoient différentes sortes de farines, l'une de première qualité, & les autres de qualité inférieure. Celle-là se mêle ordinairement avec la farine de bled pour les minots d'exportation. Ainsi donc un Minotier qui veut envoyer des minots aux Isles, ne tire guères d'un septier de bled, selon le calcul qu'on vient de lire, que cent quarante à cent cinquante livres de marchandise; savoir, cent de farine de bled, & quarante à cinquante de première farine de gruau.

Avant d'embarquer les minots, il faudra, comme j'ai conseillé de le faire pour les sons gras, les laisser étendus sur un plancher pendant quinze jours ou trois semaines, selon la saison, & les bien remuer, afin qu'ils séchent parfaitement. Le moyen le plus facile pour les remuer, est d'en faire des espèces de sillons, hauts de quinze à dix-huit pouces sur vingt de largeur, & de retourner chaque jour ces sillons d'un côté à l'autre. Les farines présenteront ainsi plus de surface, & sécheront plus vîte.

Si, au lieu de plancher, l'on n'avoit qu'un carreau ou un pavé, on pourroit néanmoins s'en servir de même; mais alors il faudroit y laisser les farines quelques jours de plus, & les remuer plus souvent encore. Les minots que je fis à Lyon pour mes premiers essais, comme je l'ai dit ci-dessus, furent rafraîchis ainsi; & j'ai remarqué déjà qu'ils arrivèrent aux Isles en très-bon état.

Enfin, quand il s'agira d'exporter ou d'emmagasiner les minots, on les mettra en barrils. Voici comment se fait cette opération.

D'abord on garnit de papier blanc tout le fond & le tour du barril jusqu'au haut; on l'emplit ensuite de farine jusqu'au tiers; puis couvrant la farine d'une serviette ou d'une toile propre, on la foule aussi fort qu'il est possible. Après cela on ajoute une certaine quantité de farine nouvelle, qu'on foule de même; & ainsi de suite, jusqu'à ce que le tonneau soit plein, & qu'on puisse le fermer en y mettant un fond. Il est des personnes qui les goudronnent en dehors. Un barril ainsi chargé doit peser deux cent livres, dont cent soixante-&-quinze ou cent quatre-vingt en farine. Si l'on n'avoit point de barriques pour encaquer les minots, on pourroit néanmoins les garder quelque temps en magasin dans de bons sacs de treillis, & même les envoyer ainſi, ſans crainte de fermentation, au lieu de l'embarquement, pour y être encaqués.

Quant aux deux ou trois ſortes de farines inférieures ou biſes, tirées des gruaux de ſeconde, troiſième & quatrième qualité, on n'eſt pas trop d'accord ſur leur emploi. La première de celles-ci pourroit ſans contredit être employée à faire du pain blanc. Il ſeroit même poſſible de la mêler dans les minots, ainſi que la farine de gruau blanc ; mais comme elle contient toujours quelques parties fines de recoupes qui pourroient la faire fermenter, peut-être courroit-on des riſques, quoique cependant j'aie eſſayé d'en emplir un cabas, & de l'envoyer toute pure aux Iſles Françoiſes, où on la trouva parfaite.

Au reſte, pour tirer un meilleur parti de ces farines inférieures, je ſerois d'avis qu'on les mêlât enſemble, & qu'on les employât ainſi en pain Bourgeois. J'en ai fait même uſage pendant long-temps ; & le pain qu'elles me donnoient étoit beau, & ſur-tout très-bon.

Dans les Provinces méridionales, où la mouture économique eſt peu connue, & où l'ancienne eſt toujours d'uſage, les minots ſe font autrement. Après avoir laiſſé en rame, pendant un mois ou ſix ſemaines, la farine qui ſort de deſſous les meules, on la paſſe au bluteau, & l'on en tire, comme par-tout ailleurs, ce que nous avons nommé farine de bled. Mais cette farine de bled eſt la ſeule dont ils compoſent leurs minots. Ce qui reſte du grain, c'eſt-à-dire, les ſons gras, ſe blute une ſeconde fois, & leur fournit deux ſortes de farine, l'une inférieure & biſe, qu'à Bordeaux on nomme réſillon ; l'autre fort belle, qu'on nomme ſimble. Cependant, comme le ſimble a de la blancheur & qu'il fournit un très-beau pain bourgeois, & ſurtout d'excellent biſcuit de mer, les Fabriquans le vendent, à peu de choſe près, autant que le minot.

Après ces opérations, il reſte une farine biſe, aſſez mauvaiſe, nommée repaſſe.

D'après tout ce qu'on vient de lire, il eſt aiſé de voir que les Minotiers de Guyenne n'entendent pas leurs intérêts, & qu'en s'obſtinant à garder leur ancienne mouture ils perdent une partie des profits qu'ils pourroient tirer des gruaux. Auſſi, quand j'allai à Bordeaux enſeigner la mouture économique, il ſe trouva un homme qui, plus induſtrieux que ſes Confrères, ſut employer d'une manière très-avantageuſe la nouvelle méthode. C'eſt le ſieur la Batte, Fabriquant habile de minots. Il achetoit des autres Minotiers les gruaux gris ou réſillons, les blutoit, les faiſoit remoudre, & en tiroit une farine de première qualité, auſſi belle que celle de minots, & qu'il vendoit réellement comme telle. Ce n'eſt pas tout : par les procédés que je lui avois appris, il les mouloit & les blutoit de nouveau ; & cette ſeconde opération lui donnoit du ſimble, beau comme le ſimble des gruaux blancs ordinaires, & que les Boulangers lui achetoient au même prix. Il ne perdoit par quintal que quatre à cinq livres de ce que nous appellons fleurage. Cependant, il faut avouer qu'à Paris ce ſimble-là eût été regardé comme de qualité inférieure; mais à Bordeaux le pauvre mange du pain plus bis que dans la Capitale.

Les différens gruaux que donnent les ſons gras par notre mouture & blutage économiques, étant un objet d'importance, je me permettrai d'en dire encore un mot. Ils ont, quand ils ſortent du bluteau pour la première fois, des pellicules ou eſpèces d'ordures dont il eſt néceſſaire de les purger. Pour cela on les repaſſera dans le bluteau, les toiles levées, & pendant ce temps un ouvrier ſe promenera d'un bout à l'autre du bluteau avec une pelle de bois en main, dont il ſe ſervira pour agiter l'air & les chaſſer. Ce qui vaudroit beaucoup mieux encore, ce ſeroit un tarare ou ventilateur à deux ſoufflets, dont le cannevas ou la grille auroit une fineſſe proportionnée au gruau. Par le moyen d'un vent doux, qui ſeroit bien conduit, on enleveroit toutes les ſoufflures comme avec une bluterie. Je n'ai pas beſoin de dire que, s'il eſt néceſſaire, il faut repaſſer les gruaux plusieurs fois. Les perſonnes qui n'ont point de tarare peuvent aiſément s'en procurer un avec le ventilateur ordinaire, en ſubſtituant, en guiſe de grille, des planches bien rabotées. Si au bas du ventilateur il y a un étage, on peut y adapter un lanturlu. Le poids du gruau faiſant tourner cette machine alternativement de droite à gauche, elle chaſſe les ſoufflures, qu'un ouvrier retire ſucceſſivement du tas avec un ballai.

Ce qui vaudroit mieux encore que le tarare & le bluteau, ce feroit le fas; mais il y a très-peu d'ouvriers qui fachent faffer, & quand on a le bonheur d'en rencontrer un, on a de la peine à le garder dans les Campagnes. On en trouve plufieurs parmi les garçons Boulangers. Il feroit bon que les garçons Meûniers s'y exerçaffent davantage. Mais néanmoins, indépendamment de ce procédé, on n'en obtient pas moins une bonne mouture.

Pour les gruaux gris, il y a une autre précaution à prendre. Comme ce font les derniers de tous, par conféquent les plus groffiers, & qu'ils font chargés de beaucoup de fon, il faut, avant de les porter pour la dernière fois fous la meule, avoir foin de les dépouiller de ce fon, de peur que s'affinant trop, fi on le laiffoit paffer au moulage, il ne fe mêlât avec la farine, de manière à ne pouvoir plus en être féparé, & qu'il ne la tachât. Le meilleur moyen pour l'enlever feroit les facs à la Provençale; mais ces fortes de cribles n'étant point connus dans nos Provinces feptentrionales, à leur défaut on blutera.

Tel eft le moyen d'avoir de beaux gruaux. On m'objectera, je m'y attends, que je propofe-là beaucoup de manœuvres embarraffantes. Oui, j'en conviens; mais auffi j'ofe affurer qu'obtenant ainfi des marchandifes excellentes, le prix auquel elles feront vendues dédommagera bien de la peine qu'on aura prife. Au refte, je donne ici la plus grande perfection poffible; mais cette perfection n'eft pas abfolument néceffaire. Les Fabriquans qui n'auront qu'un dodinage, pourront, s'il est bon, faire aussi, avec les précautions indiquées ci-dessus, des minots qui se conserveront; mais je les préviens qu'ils ne doivent s'attendre ni au même produit, ni à la même qualité en farine blanche.

Pour moi, c'est avec toutes ces précautions qu'étoient fabriquées toutes les farines qui sortoient de mon Moulin, quand j'en faisois porter à la Halle; toutes étoient remuées & séchées avant d'y arriver.

En 1779, année dont la récolte avoit été humide, & dont par conséquent les farines devoient être humides aussi, j'ai entendu des Pâtissiers m'avouer qu'avec ces farines ils ne pouvoient faire de bonne pâtisserie. J'ai même vu dans le Château d'un grand Seigneur, un Chef-d'Office qui, après avoir tenté inutilement plusieurs fois de faire des biscuits de Savoie, lesquels sont, comme on sait, de gros pains de pâtisserie fine, pesant sept à huit livres, s'avisa enfin, d'après mon avis, de faire chauffer un peu sa farine dans un vase de fayence, sur un feu doux, de bien la remuer pour qu'elle séchât parfaitement sans s'altérer, de l'étendre ensuite sur un linge blanc, & de ne l'employer que quand elle étoit refroidie. Alors il réussit parfaitement; son biscuit fut trouvé parfait; &, ce qui prouve que le séchement de la farine y entroit pour quelque chose, c'est que ses autres pâtisseries, pour lesquelles il n'avoit point employé les mêmes précautions, étoient médiocres.

Il est aisé au reste à tout Particulier de vérifier cette expérience. Prenez dans un sac une quantité quelconque de farine. Partagez ce tout en deux parties, dont vous employerez l'une à l'ordinaire, & ſans aucune préparation ; faites ſécher l'autre, ſelon les procédés dont je viens de parler, & dont ſe ſervoit le Chef-d'Office ; & comparez enſuite, pour le produit, & ſur-tout pour le goût, le pain que l'une & l'autre vous aura donné. Eſſayez-le ſur-tout en pâtiſſerie ; ou, ce qui eſt plus court & plus facile encore, en bouillies : car c'eſt ainſi que les payſannes eſſaient les leurs. Si la bouillie ſe fait bien, ſi elle eſt bonne, elles aſſurent que le pain ſera bon auſſi ; & elles ne ſe trompent jamais.

Depuis quelques années, on a imprimé dans Paris, & l'on a même avancé dans les Papiers publics, que la farine ſe conſervoit mieux en ſacs qu'en tas. Le moindre raiſonnement devroit ſuffire pour voir combien cette aſſertion étoit peu fondée. Mais d'ailleurs, quand elle ſeroit vraie, elle auroit toujours ſur l'autre méthode, le déſavantage d'une dépenſe énorme en ſacs, & d'un plus grand emplacement pour les loger. D'ailleurs, on a voulu vérifier le fait, & l'expérience l'a démenti. Au mois de Mai 1781, on a mis ainſi en ſacs, à l'Hôtel des Invalides, d'excellentes farines provenues de bon bled. La plupart ſe ſont aigries, & l'on n'en a pu tirer parti qu'en les mêlant avec d'autres farines pour en faire du pain bis.

J'avoue que ſi les farines étoient faites d'un bled bien ſec & bien pur, elles ſe conſerveroient en ſacs aiſément ; mais avant de les y mettre, il ſeroit prudent, je crois, de les étendre ſur un plancher pendant une ſemaine ou deux, & de les y remuer avec ſoin, ainſi que je l'ai dit ailleurs. Il faudroit encore que la farine ne fût pas trop foulée dans les ſacs ; il faudroit que les ſacs eux-mêmes, loin d'être en piles, (ce qui l'écrâſe & la pelotte,) au lieu d'être poſés debout, ce qui foule toujours les mêmes parties, fuſſent couchés ſur des chantiers ; qu'ils fuſſent placés les uns à côté des autres, de manière à ne pas ſe toucher, & à pouvoir être retournés ſans peine, de temps en temps. Or, je le répète, quel embarras, quelle dépenſe & quel emplacement exigera tout cela.

Les mêmes perſonnes qui avoient conſeillé à l'Adminiſtration des Invalides de garder la farine en ſacs, conſeilloient en même-temps de garder de même les bleds. A les entendre, ce devoit être une économie conſidérable, puiſque par-là on épargneroit la main-d'œuvre. L'Adminiſtrateur de l'Hôtel, qui ne voyoit pas trop clairement cette économie, & qui n'oſoit, d'après une aſſertion ſans preuves, riſquer le bled dont il étoit chargé, en accorda ſeulement de quoi faire dix à douze ſacs, qui furent remplis & cachetés. Au commencement de Juin, ces ſacs furent viſités, & on les vit couverts extérieurement de charanſons ſur le deſſus. Mais comme la perſonne (le ſieur Broc) qui avoit donné ce conſeil, aſſura que c'étoit des charanſons du grenier, leſquels cherchoient à pénétrer dans le grain, on laissa les cachets, & l'on prit le parti d'attendre encore. Au mois d'Août, les sacs furent ouverts, & à la première inspection, jugés très-sains. Au mois de Septembre, ils le furent encore; &, comme l'apparence extérieure se trouva la même, on commença par chanter victoire, & l'on appela pour témoins des gens du métier. Mais cette joie ne dura guères, quand, en vuidant les sacs, on vit le grain, dans l'intérieur, endommagé d'insectes. Celui qu'on avoit manœuvré dans les greniers, s'étoit conservé parfaitement; & cependant l'un & l'autre étoit de la récolte de 1778, reconnue supérieure pour sa qualité. Qu'eût-ce donc été si celui des sacs s'étoit trouvé d'une récolte humide!

Auteurs, qui souvent prônez dans vos écrits de prétendues découvertes que vous n'êtes pas à portée de vérifier, Théoriciens sans pratique, apprenez à vous défier quelquefois des belles spéculations & des promesses sans effet; & ne méprisez pas toujours les ignorans comme moi, qui, ainsi que moi, ne savent point en imposer par de belles paroles, mais qui au moins offrent des faits avérés, & que tout le monde peut aisément constater.

De ceux que j'ai allégués ci-dessus, il résulte que la farine humide se pétrit & lève difficilement. Les Boulangers qui l'emploient, doivent donc avoir de la peine à faire leur pâte, & sur-tout à faire des levains. Qu'ils essaient de sécher leurs farines, soit simplement sur un plancher, soit sur le dessus de leur four ; & qu'ensuite ils comparent. A la vérité, ce seront quelques manœuvres de plus ; mais, comme je ne cesserai de le répéter, ils en seront bien payés par l'excellence de leur pain, ce qui est très-important pour eux : car enfin, pour gagner beaucoup, il faut beaucoup vendre ; & l'on ne vend plus que les autres, à prix égal, que quand on donne de meilleure marchandise.

Les farines de simbles étant composées de gruau, qui, de sa nature, est dur & solide, elles sont par là même beaucoup plus difficiles à pêtrir que les farines ordinaires. C'étoit pour épargner une partie de la peine qu'exige ce travail, que M. de Solignac avoit inventé une herse, qui, par le mouvement qu'un Ouvrier lui communiquoit, pêtrissoit très-bien la pâte. Pour nos farines moulues économiquement & bien dilatées, elle n'est point nécessaire. Un Ouvrier n'ayant ordinairement à remuer dans un pêtrin, que depuis deux cent cinquante jusqu'à trois cent cinquante livres de pâte, les bras d'homme suffisent, sur-tout si les levains sont bons, & la pâte bien faite. Mais quand il s'agira de farines grossières, & d'un travail difficile, quand il s'agira d'un pêtrin considérable, tel que ceux des grands laboratoires où se fait le biscuit pour la marine ou le pain de munition pour les soldats, la machine de M. de Solignac peut devenir infiniment utile, puisque, selon lui, elle est capable de pêtrir jusqu'à trente quintaux de farine à la fois. Peut-être auroit-elle besoin d'être perfectionnée encore ; & je n'en ſerois pas ſurpris. C'eſt aux Méchaniciens zélés pour le bien public, qu'il appartient de s'occuper de pareils objets. Moi, en attendant, je dirai que, telle qu'elle eſt, la République de Gènes l'a adoptée.

Quoique Paris ſoit la Ville de l'Univers, peut-être, où l'on ſache mieux faire le pain, on s'y plaint ſouvent néanmoins que ce pain n'a point de ſaveur, & que quelquefois même, ſur-tout à l'approche des chaleurs, il a un goût de ver ou de pouſſière. A ces reproches, qui ne ſont que trop fondés, les Boulangers peuvent donner lieu de temps en temps par leur mauvaiſe fabrication ; mais je ſuis perſuadé que plus ordinairement c'eſt la faute des Meûniers. Souvent ceux-ci ne donnent point à la meule la quantité de grain ſuffiſante qui eſt néceſſaire pour ſa force ; en broyant trop le bled, ils brûlent la farine, diſſipent l'huile qu'elle contient, décompoſent ſes principes, & lui font perdre ainſi ce goût de fruit, ce goût de noiſette qu'elle doit avoir quand elle eſt bonne. Ajoutez à cela des bluteaux trop fins, qui à la vérité donnent une farine plus fine, plus blanche, & par conſéquent de plus de débit ; mais auſſi qui ne donnent point aſſez de beaux gruaux, la partie du bled qui ait le plus de ſaveur. La marchandiſe eſt-elle moulue & blutée ; toute chaude qu'elle eſt, ils l'enferment dans des ſacs, & la placent au haſard dans quelque coin, en attendant le moment où on la portera à la Halle. A cette Halle, elle reſte huit ou quinze jours, ſouvent beaucoup plus, ſans être vendue. Enfin vient un Boulanger qui l'achette & l'emploie ; mais s'il ſurvient des chaleurs, doit-on être ſurpris qu'une pareille farine ſe gâte & s'échauffe ? Tout ce mal n'arriveroit point, ſi le Meûnier, après l'avoir moulue, avoit ſoin, comme je l'ai détaillé ci-deſſus, de l'étendre ſur un plancher & de la remuer de temps en temps pour lui faire évaporer ſon feu. C'eſt-là une opération fort aiſée, qui ſeroit infiniment utile & coûteroit peu ; mais les choſes les plus ſimples ſont celles auxquelles on ſonge le moins, & les dernières dont on s'aviſe.

Le mal ſeroit bien plus prompt encore & bien plus conſidérable, ſi les farines dont nous parlons étoient faites de bleds humides & récoltés dans une année pluvieuſe, comme il arriva en 1771, & comme il eſt à craindre qu'on ne l'éprouve cette année-ci. Celles qu'alors on portoit à la Halle, s'y gâtoient en quinze jours, & ſouvent en moins de temps encore. Elles ſe grumeloient, formoient des eſpèces de pelottes, & finiſſoient par ſe putréfier. Les Marchands, alarmés des pertes continuelles qu'ils faiſoient, s'adreſsèrent au Lieutenant-Général de Police. Ce Magiſtrat chargea pluſieurs gens inſtruits de chercher la cauſe du mal & d'y apporter un remède. Malgré la Loi expreſſe qui défend de ſortir les farines de la Halle quand une fois elles y ont été portées, il eut l'humanité de permettre aux Marchands la ſortie des leurs pour les rafraîchir. Malheureuſement tout ce qu'on fit alors produiſit peu d'effet, parce que le mal étoit considérable, & que les remèdes furent foibles.

Je fus frappé de ce triste évènement; & soupçonnant qu'il étoit dû à l'intempérie de la saison qui avoit rendu les bleds trop humides, je m'occupai du soin d'en garantir, s'il arrivoit encore. Je fis dans mes Moulins de Troies beaucoup d'expériences, dont je vais rendre compte; elles furent heureuses; & aujourd'hui que je les ai répétées vingt-&-vingt fois, j'ose avancer qu'en vingt-quatre heures je puis rendre propres à la mouture, & sans aucun danger de corruption, des bleds, quels qu'ils soient, récoltés humides. La découverte que j'annonce est intéressante en tout temps; mais elle l'est particulièrement dans ce moment-ci, où nous sommes menacés du malheur de 1771; la moisson dernière ayant été fort pluvieuse.

D'ailleurs les grains, quoique récoltés très-bons, ne se gâtent-ils pas tous les jours dans les magasins, par mille accidens divers? Combien de Bourgeois, & de Communautés, qui perçoivent leur revenu en bled, & qui, obligés d'attendre quelque temps pour le vendre, en confient le soin à des domestiques ignorans & paresseux qui le laissent s'échauffer? Dans les Provinces où l'on est obligé d'avoir recours aux bleds étrangers, pour la consommation des habitans, ces grains sont sujets ordinairement à des accidens pareils. Aussi existe-t-il un Arrêt du Parlement de Provence, qui ordonne expressément d'employer toujours, avec un tiers de ces bleds fatigués du trajet de la mer, deux autres tiers de bled national.

Interrogez les Marchands de Grains dans Paris, ils vous diront que ſans ceſſe ils éprouvent mille pertes de ce genre. La Halle étant beaucoup trop petite pour les bleds qu'exige la conſommation immenſe de cette grande Ville, la majeure partie arrive en bateaux ouverts, tant du haut que du bas de la rivière. Comme il n'exiſte point d'emplacement pour les ſerrer, & qu'ils ne peuvent point être vendus tout de ſuite, ils reſtent ſur le port & dans le bateau, en proie à des nuées de moineaux qui les dévorent, & expoſés à toutes les intempéries de la ſaiſon. Une petite partie ſe met dans des ſacs, il eſt vrai; mais ces ſacs reſtant de même expoſés ſur le carreau du port juſqu'au moment de la vente, s'il ſurvient un orage, ou quelques jours de pluie, ils ſe trouvent mouillés, malgré les toiles dont on cherche à les couvrir: le bled alors prend ce qu'on appelle un goût de champignon; bientôt il s'échauffe: le Marchand, pour s'en débarraſſer, eſt obligé de le donner à perte; des Fabriquans l'achettent parce qu'il coûte beaucoup moins; & c'eſt ainſi que l'habitant de la Capitale ſe trouve réduit, ſans en ſavoir la cauſe, à des farines de mauvais goût & mal-ſaines. Bientôt il murmure, il crie, il accuſe de négligence les Officiers prépoſés à cette police, & qui n'en peuvent mais.

Je cauſois un jour avec des Négocians de Dantzic, ſur le commerce des bleds, & je leur demandois pourquoi ils n'en envoyoient pas à Paris, où le débit de cette marchandise paroît certain & assuré. « Eh ! » que ferons-nous de nos grains quand ils seront à » Paris, me dirent-ils ? Nous répondez-vous de la » vente à l'instant où ils arriveront ? Si cette vente » ne se fait pas, comme la chose est probable, il » nous faudra donc, pour les loger, louer à grands » frais des emplacemens dans des Maisons Religieu- » ses ; encore cette grace ne s'accordera-t-elle qu'à » des ordres supérieurs, qu'il faudra solliciter. Pendant » le temps qu'ils resteront emmagasinés, il nous en » coûtera des frais considérables de main-d'œuvre » pour les remuer, les aërer, & empêcher qu'ils ne » se gâtent. Non, le commerce n'aime point de » spéculations si hasardées ; il cherche à voir clair dans « ses opérations, & s'effarouche des embarras ».

Je ne savois trop que répondre aux objections de ces Négocians ; & ce que je voyois se passer tous les jours sous mes yeux, me faisoit sentir combien leurs terreurs étoient fondées. Je sentois néanmoins qu'il étoit infiniment aisé d'y remédier.

En considérant la position de Paris, on diroit que c'est avec réflexion que nos anciens Rois en ont fait la Capitale du Royaume. Placée au centre des Provinces à bled, cette Ville a en outre plusieurs rivières qui lui apportent à peu de frais sa consommation. Avec une situation aussi heureuse, que lui manque-t-il donc ? Rien, que des magasins où l'on pourroit déposer sans risques la denrée. Mais il faudroit que ces

ces magaſins fuſſent vaſtes, commodes & ouverts, afin d'y manœuvrer à l'aiſe les grains quand ils arrivetoient. Il faudroit qu'ils fuſſent placés ſur le bord de la Seine, & tellement conſtruits, qu'avec des machines on pût enlever les ſacs du bâteau. Il en faudroit un enfin au haut de la rivière, près de l'Arcenal, pour les grains qui deſcendent par la Marne & la Seine; & un autre au bas, dans le voiſinage du Pont-Royal, pour ceux qu'envoient la Picardie, l'Artois, la Flandre & la Normandie, ou qui peuvent arriver du Nord.

On ne ſauroit apporter trop de précautions pour une denrée auſſi néceſſaire. La plûpart des autres ne ſont que de luxe, pour ainſi dire : auſſi la diſette des unes n'a-t-elle pas à beaucoup près le danger de la diſette des autres. Que le vin manque à Paris, le peuple murmurera peut-être : mais que le bled commence à y manquer, il ſe révoltera. On ne peut donc, je le répète, trop veiller à l'abondance d'une denrée de néceſſité première; mais, en veillant à ſon abondance, il faut veiller encore à ſon bon marché & à ſa conſervation : & voilà ce que procureroient ſans contredit les magaſins que je propoſe. Quand les eaux ſont trop baſſes, ou quand elles ſont trop hautes, les bateaux à bled ne peuvent arriver, ou le prix de la voiture augmente. Il n'en vient que quand la riviere eſt navigable & marchande ; mais alors ſe font ſentir auſſi tous les inconvéniens dont je viens de parler.

Il y a toujours peu de grains au port, parce que le Marchand est effrayé des risques ; & ils se vendent plus cher. Comme le Boulanger craint toujours que pendant la route ils n'aient été mouillés, ou ne se soient échauffés, rarement on le voit en acheter. Il préfère d'aller faire ses achats dans les campagnes, quoique de pareils voyages le dérangent nécessairement de ses affaires. S'il vient aux bateaux, ce n'est que quand il ne peut pas faire mieux, ou parce qu'il y trouve ordinairement une facilité de crédit, qu'il ne rencontre pas chez le Fermier. Enfin le commerce du port n'est qu'un commerce précaire & instantané.

Supposez au contraire des magasins qui écartent la crainte & les dangers ; dès ce moment les bateaux arrivent en foule, parce qu'ils sont sûrs d'avoir un dépôt & un abri pour leur marchandise. En peu de temps, on peut former l'approvisionnement de la Ville, sans appréhender la baisse ou l'accroissement des eaux ; & le Gouvernement qui voit sous ses yeux cette provision, n'a plus d'alarmes.

C'est au Corps Municipal de la Ville, ou à l'État, à se charger des frais d'un pareil établissement ; mais si des circonstances fâcheuses ne leur permettoient pas de l'entreprendre, je ne doute pas qu'il ne se trouvât bientôt quelque Compagnie, qui, assurée d'avance du succès de l'entreprise, ne la fît à ses frais ; comme il s'en est trouvé une, il y a quelques années, qui a construit de ses deniers un marché aux veaux.

Dans ce cas, il feroit permis aux Entrepreneurs de louer, à un prix raifonnable, les bâtimens de leurs magafins. Beaucoup de Laboureurs, profitant de la faifon navigable, y enverroient leurs grains en dépôt. Les Marchands de farine & les Marchands de bled y prendroient des emplacemens. Les uns & les autres pourroient étendre alors & remuer librement leur marchandife; ce qui la conferveroit beaucoup mieux, & leur procureroit en même temps une économie confidérable en facs. Enfin, le Boulanger qui viendroit pour acheter, voyant des farines bien faines, des bleds fecs & prêts à moudre, achetteroit avec plus de confiance; parce qu'avec une denrée à découvert, il ne craindroit pas d'être trompé. Sûreté pour l'Acheteur, fûreté pour le Vendeur; que peut-on defirer de plus?

Mais ce font-là peut-être des vœux & des projets chimériques. En attendant qu'on fonge à prévenir le mal, cherchons les moyens de le guérir. Il eft certain que mille accidens divers peuvent contribuer à gâter le bled; nous n'en avons journellement que trop de preuves. Or, je prétends que des grains noirs & niellés, que des grains échauffés, que même des grains gâtés, (pourvu néanmoins que la corruption n'ait point pénétré jufqu'au germe,) peuvent être rétablis dans leur bonté première, & redevenir fains & falubres. Ce que je dis ici, au refte, n'eft point fondé fur de vains raifonnemens, ni fur une théorie subtile, mais sur de bonnes & solides expériences, confirmées par plusieurs années de succès.

En voyant des bleds qui commençoient à se gâter, je me disois à moi-même que le mal n'attaquant d'abord que leur enveloppe, & par conséquent n'étant qu'extérieur; je pourrois peut-être le détruire en les lavant, puis ensuite en leur faisant subir une forte chaleur dans une étuve. Je me disois que l'eau & le feu étant deux agens qui purifient tout, ils devoient nécessairement opérer le même effet sur le grain. En conséquence, je commençai mon travail à Troies, en 1778.

Il y avoit déjà plusieurs années que M. Duhamel avoit employé l'étuve pour détruire les insectes dans les bleds qu'il vouloit conserver: car c'est particulièrement aux gens riches & instruits qu'il appartient d'inventer des machines utiles. Je ne pouvois donc mieux faire que d'adopter celle d'un homme aussi éclairé. Cependant, comme, nous autres gens de pratique, nous rectifions quelquefois les inventions de Théoriciens beaucoup plus habiles que nous, j'avois trouvé que l'étuve de M. Duhamel étoit trop coûteuse; qu'en outre, étant à tuyau, elle avoit l'inconvénient de ne pas échauffer également le grain, & de trop étuver celui qui étoit placé près du conduit de chaleur, & pas assez celui qui s'en trouvoit éloigné. Moi, je n'étois pas assez riche pour en construire une qui fût bien dispendieuse. Il me la falloit simple, aisée à conduire, & telle qu'elle pût étuver beaucoup de bled à la fois. Ma maison avoit quatre étages, c'étoit par conféquent quatre planchers qu'elle m'offroit pour mon opération ; en ajoutant dans chaque étage plufieurs rangs de tablettes, les unes au-deffus des autres, je me procurois encore des planchers nouveaux. Il ne s'agiffoit que de placer au rez-de-chauffée un poële dont le tuyau les traverferoit tous pour les échauffer; ou tout au plus, fi un poële ne fuffifoit pas, d'en ajouter un fecond dans un des étages fupérieurs ; &, pour me garantir des dangers du feu, d'entourer le tuyau de quelques pouces de mortier & de brique aux endroits où il perçoit les planchers. Tout cela étoit peu difpendieux ; &, encore une fois, c'eft ce qu'il me falloit. Au refte, un coup-d'œil fur la planche gravée, & placée à la fin du Livre, fera comprendre fans peine mes arrangemens, beaucoup mieux que toutes les defcriptions poffibles.

Affurément on peut faire mieux que cela, je n'en doute nullement ; mais ce qui eft intéreffant dans toute entreprife, c'eft le fuccès ; or, je certifie que le mien a été auffi parfait qu'il peut l'être. J'annonce hardiment mes procédés, parce qu'ils font sûrs. Quant à l'étuve, les gens induftrieux & riches peuvent perfectionner la mienne, & y ajouter autant de commodités qu'ils voudront. Je remarquerai feulement que pour échauffer la mienne, il ne m'en coûtoit, quoique le bois foit cher à Troies, que trois ou quatre fols par feptier de bled ; tout au plus cinq, les jours où il falloit allumer le poële pour la première fois. Dans les Provinces où l'on n'a pour brûler que du charbon de terre, on pourroit tenter de s'en servir, & le chauffage ne coûteroit peut-être pas alors un sou par septier.

J'ai dit ci-dessus qu'avant de porter à l'étuve les bleds gâtés que je voulois rétablir, j'avois imaginé de les laver, pour emporter le vice extérieur qui leur donnoit un mauvais goût. Mais ce n'eût point été assez, selon moi, de les tremper plusieurs fois dans l'eau; ce bain n'eût rien opéré sur l'espèce de gangrène qui étoit adhérente à leur pellicule. Il falloit un remuement, un frottement assez forts pour l'enlever & la détacher. A ma place, des personnes opulentes auroient établi leur opération sur un courant d'eau; elles auroient construit une machine qui eût remué & frotté les grains. Moi, je mis tout simplement les miens dans des baquets, & je les fis travailler avec les mains. D'abord mes garçons répugnoient à cette sorte de travail; entre-eux ils m'accusoient d'extravagance. Mais, si je réussissois, les murmures devoient se changer en surprise & en louanges. D'ailleurs, pour les encourager, & en même-temps pour m'assurer que ma lessive seroit bien faite, je voulus donner l'exemple, & je mis la main à l'œuvre.

Au reste, les grains gâtés ne me paroissoient pas demander tous une manipulation égale. Selon que la carie étoit plus ou moins ancienne, plus ou moins profonde, je leur donnois plus ou moins de lavages. Il y en avoit tels, à qui deux eaux suffisoient, tandis qu'il en falloit à d'autres jusqu'à quatre ou cinq.

Les bleds niellés & noirs exigeoient une autre

attention encore, parce qu'ils ont beaucoup de grains vuides. Après avoir mis dans le baquet trois ou quatre sceaux d'eau, je les y versois doucement & à plusieurs reprises, en les remuant avec la main. Les grains vuides, l'ivraie & les graines étrangères qu'ils contenoient, surnageoient d'elles-mêmes; je les enlevois avec une écumoire. (1) Quand il n'en surnageoit

---

(1) Dans quelques Provinces, les Fermiers ne criblent pas leur bled; ce qui y laisse beaucoup de graines étrangères & mal saines. Sur le Port de Lyon il est aisé de distinguer au premier coup-d'œil les bleds de Bourgogne d'avec ceux d'Auvergne & du Dauphiné. Aussi quand les Négocians de Provence achettent du bled, n'ont-ils recours à ceux de Bourgogne que dans un cas de nécessité & de besoin pressant. Le Paysan Bourguignon ne veut pas les purger de ces ordures, parce qu'elles font masse & augmentent sa mesure; & il ne voit pas qu'en les rendant mauvais, il perd considérablement sur le prix. En Champagne, les seigles sont mal criblés aussi, & ils contiennent sur-tout beaucoup d'ivraie, qui, entre-autres propriétés dangereuses, a, comme l'on sait, celle d'ennivrer, quand elle est nouvelle. J'en ai vu à Troyes, pendant le temps que j'y ai demeuré, des effets funestes. En 1771 & 1772, années où elle se trouvoit abondante dans le bled, le peuple, dès qu'il avoit mangé du pain, se plaignoit d'être *envergé*; c'est ainsi qu'il appeloit les vertiges qu'il éprouvoit. Je pris la liberté d'assigner aux Magistrats de Police la cause de ce mal, & j'osai assurer qu'il cesseroit dès l'instant qu'on cribleroit les seigles pour en faire tomber ces graines pernicieuses. Ma foible autorité n'étoit guères capable d'en imposer. On ne me crut point, & je m'y attendois: mais ce que je n'avois garde de prévoir, & ce qui devoit arriver pourtant, c'est que le peuple s'est dégoûté des seigles

plus, je versois avec précaution l'eau qui étoit devenue sale, j'en mettois d'autre, & alors je frottois avec les mains le bled contre les parois du tonneau, aussi vigoureusement qu'il m'étoit possible, ayant soin de renouveler l'eau de temps en temps, selon que le grain l'exigeoit. Lorsqu'il ne la salissoit plus, & qu'il me paroissoit net, je le versois avec une pelle, dans des mannes d'osier, où je le laissois bien égoûter: car on comprend que mieux il est égoûté dans la manne, moins il coûtera de bois, lors de l'étuvée.

Pour graduer la chaleur de mon poële, j'avois placé dans l'étuve un thermomêtre, d'après les principes de M. de Réaumur. Aux bleds récoltés humides, que je voulois simplement sécher, pour moudre ensuite, je donnois cinquante à soixante degrés de chaleur; à ceux que je destinois à en faire des farines d'exportation, j'en donnois depuis quatre vingt jusqu'à quatre-vingt-dix. Au reste, il y a sur cela un tact qu'on a bientôt acquis; & ce tact doit tout conduire: car on sait qu'il ne faut pas qu'un bled pour moudre soit par trop sec.

En douze heures j'étuvois, des premiers, huit septiers environ, mesure de Paris; quatre ou quatre & demi des seconds, & environ trois ou quatre des

---

& n'a plus voulu en consommer; malheur considérable dans une Province stérile qui ne produit guères que des grains de qualité inférieure.

bleds lavés niellés & noirs. Je faisois deux étuvées consécutives des bleds récoltés humides ; ce qui me donnoit en vingt-quatre heures quinze ou seize septiers bons à moudre. Pour les bleds qui avoient été lavés, je n'en faisois qu'une étuvée par jour, & je conseille de n'en pas faire davantage. Pendant l'opération, je les faisois remuer les uns & les autres trois ou quatre fois sur les planchers & sur les tablettes, afin que la chaleur séchât la masse entière, & se répandît également sur chaque grain. Le matin j'allumois le feu du poële, ayant grand soin que le bois ne fumât point. Quand il étoit bien embrâsé, & sans fumée, je fermois le tuyau pour que la chaleur se conservât sans déperdition. Le soir, on l'allumoit de nouveau pour une seconde étuvée, qui se faisoit pendant la nuit, quand on en faisoit deux ; & à la fin de chacune, on déchargeoit par un couloir le bled séché, comme on peut le voir dans la gravure indiquée. Enfin, après l'avoir étendu sur un plancher, & l'avoir laissé refroidir, on le passoit au crible d'Allemagne ou au tarare.

Tels étoient mes procédés. Cependant je n'étois par sûr de leur bonté à beaucoup près ; je ne travaillois qu'en tâtonnant, & ne réussissois pas toujours également bien. Par exemple, je m'étois assuré que mes bleds à l'étuve jettoient une odeur forte, & que par conséquent, quoique j'en formasse des couches peu épaisses, il étoit indispensable de les remuer, afin que ceux de dessous perdissent aussi leur mauvais goût. Mais néanmoins je voyois avec douleur qu'au sortir de l'étuve ils en conservoient encore un peu : l'étuve elle-même gardoit quelque temps la sienne, & je ne savois à quoi attribuer ce défaut. Enfin, je m'apperçus que l'odeur étoit beaucoup plus forte dans l'étage supérieur que dans celui d'en-bas; d'où je conclus que la vapeur méphytique qui sortoit du grain, montoit vers le haut du bâtiment, comme font toutes les vapeurs échauffées; qu'elle cherchoit à s'échapper, & que s'il en restoit dans le grain, c'est que n'ayant point d'issue, & étant obligée de tourbillonner sans cesse dans l'espace qui la renfermoit, le bled, après s'en être débarrassé, la pompoit de nouveau.

D'après ce raisonnement qui me paroissoit fondé, j'imaginai de faire au haut de l'étuve, des ventouses que je pusse ouvrir de temps en temps, pour la laisser échapper. Il m'étoit aisé de sentir que l'ouverture des soupiraux me feroit perdre un peu de chaleur; mais je pouvois rémédier à cet inconvénient, & il étoit léger en comparaison de l'avantage qu'il me promettoit si j'avois bien deviné. Effectivement, je ne les eus pas plutôt employées, qu'à ma grande satisfaction, mon bled sortit de l'étuve sain, excellent, sans goût ni odeur; & j'eusse défié qu'on pût deviner qu'il y avoit passé.

Je fus pourtant obligé encore de tâtonner long-temps, pour savoir précisément quand & combien de fois il falloit ouvrir les ventouses. Voici enfin ce que la pratique & l'expérience m'ont appris à ce ſujet. Quand le feu avoit fait monter la chaleur à cinquante degrès, alors je faiſois entrer dans l'étuve un homme, qui, commençant par l'étage d'en-bas, & finiſſant par celui d'en-haut, remuoit le bled ſur tous les planchers & ſur toutes les tablettes. Pendant ce temps j'ouvrois trois ventouſes. On ſentoit une odeur forte qui ſortoit du grain, & elle s'échappoit par les trois ouvertures. Lorſque le remuement étoit fini, je les fermois; mais deux ou trois heures après environ, je recommençois la manœuvre, & ainſi toutes les trois heures: ce qui faiſoit quatre opérations pendant l'étuvée.

Le ſuccès de cette expérience m'apprend que la méthode propoſée par certaines perſonnes, d'étuver les grains en les mettant dans un four, quand on en a tiré le pain, ne vaut rien abſolument. Car, outre qu'il n'eſt pas poſſible de graduer dans un four la chaleur comme il convient; outre qu'il n'eſt pas aiſé d'y remuer les grains, ce qui eſt pourtant indiſpenſable; il eſt certain que le four étant néceſſairement fermé, & n'offrant point d'iſſue pour laiſſer évaporer l'odeur, jamais ils ne la perdront complétement, s'ils en ont une.

Pour m'aſſurer encore davantage de l'utilité des étuves, je fis ſécher au ſoleil, dans les jours d'été les plus chauds, des bleds qui n'avoient d'autre défaut que d'avoir été récoltés humides. Ils furent moulus enſuite, afin de comparer le réſultat qu'ils donneroient, avec celui de mes bleds étuvés. Il y avoit une différence totale pour l'odeur, avant de passer au moulin; & pour le goût, après avoir été pétris. Le soleil, dans notre climat, n'est point assez fort; il faut une chaleur plus active & plus puissante. D'ailleurs, pour peu qu'on veuille conserver quelque temps les grains avant de les moudre, il y aura toujours à craindre les insectes dans ceux qui n'auront passé qu'au soleil; au lieu qu'une étuve peut aisément être poussée à un degré de feu, capable d'étouffer les animaux & de détruire leurs œufs.

A la vérité, le grain dans la mienne, avoit frayé de quatre à cinq livres par quintal; mais il ne faut pas oublier que je n'avois employé pour mes expériences, que des bleds inférieurs, qui n'étoient bons qu'à vendre aux Amidonniers: & qu'en leur rendant leur première bonté, je gagnois quatre-vingt-quinze livres de grains, dont on n'eût tiré aucun parti pour la nourriture. D'ailleurs, en supposant même ce déchet sur de bon bled mis à l'étuve pour en former des farines de conservation, n'est-ce donc rien que d'obtenir à pareil prix un moyen sûr de préserver de corruption ces farines? Enfin, s'il faut tout dire, j'ajouterai qu'un bled étuvé donne non-seulement un pain excellent, & qui lève singulièrement bien au four; mais encore que, buvant plus d'eau au pétrin, parce qu'il est plus sec, il produit davantage. Le fait est si vrai, que, dans les commencemens de mes étuves, lorsque je vendois aux Boulangers des farines étuvées, sans leur dire mon secret, ils me demandoient de celles-là par préférence, & les payoient même plus cher que les autres. La presse y étoit telle, que n'y pouvant suffire, je me contentai de les mêler par moitié avec les farines ordinaires; ce qui bonifioit celles-ci.

Tous les grains qui ont été moissonnés humides, doivent passer à l'étuve, si l'on veut les conserver. On doit y soumettre sur-tout les sarrazins, qui, se récoltant en Octobre ou en Novembre, le sont presque toujours. Aussi, quand on n'a pas soin de les remuer avec la plus grande attention, les voit-on fermenter très-facilement, rougir aux premières chaleurs, & devenir amers. Comme ce grain fait la nourriture du Paysan & du Peuple dans plusieurs Provinces, on devroit s'occuper un peu plus du soin de le conserver. La chose deviendroit facile en l'étuvant le plutôt possible.

On employeroit pour le moudre, un moulage doux, tel que je l'ai expliqué dans le *Manuel du Meûnier*; moulage nécessaire, afin que le grain se concasse moins, & que l'écorce s'enlève mieux au blutage: car cette écorce est amère, & l'on doit avoir grand soin qu'elle ne se mêle pas avec la farine. La première farine que produiroit cette mouture, se consommeroit dans l'année, & feroit de très-bon pain, en la mêlant avec d'autres plus fines, & sur-tout avec celle de seigle, qui étant grasse, corrigeroit ce que l'autre a de sec.

Quant aux gros gruaux, bons à faire de la bouillie

& de la galette, ils pourroient aisément se garder plusieurs années, & former une ressource pour le pauvre, dans le temps de cherté. Si cependant on vouloit en faire entrer dans le pain, alors il seroit nécessaire de les mettre tremper pendant cinq ou six heures, dans un coin du pétrin, avant de commencer la pâte.

J'ai remarqué plusieurs fois que dans le voisinage de la Capitale, dans celui des grandes Villes, & par-tout où les pailles sont d'un bon débit, pour la nourriture des chevaux, les Laboureurs ne laissent pas mûrir leurs moissons. A la vérité, leurs pailles sont plus belles, & ils les vendent mieux; mais ces grains récoltés avant leur maturité parfaite, sont-ils aussi bons? Se conservent-ils aussi aisément que ceux qui ont été moissonnés bien secs & bien mûrs? Non assurément; & l'on me dispensera, je crois, de le prouver.

C'est une précaution très-essentielle pour la conservation des bleds, que de les avoir secs, ou de les bien sécher quand ils ne sont pas tels. J'ai connu même en Gâtinois, des Laboureurs habiles & expérimentés, qui poussoient la précaution jusqu'aux grains qu'ils destinoient à semer. Dès la Mi-Août, c'est-à-dire deux mois avant les semailles, ils battoient les leurs; & quand je leur en témoignai ma surprise, ils me répondirent par une sorte de proverbe, pareil à ceux qu'une longue expérience a consacrés parmi cette classe de gens respectables: *rien n'est tel pour ſemer, qu'un bled battu entre les deux Notre-Dame.* Cependant à force de les queſtionner ſur la cauſe de ce procédé, j'appris d'eux que les gerbes, lorſqu'on les lie pour la moiſſon, renfermoient ſouvent des herbes encore vertes, qui, en ſe deſſéchant, échauffent le bled; que ce bled lui-même, ſur-tout s'il avoit été mouillé par les pluies, pouvoit fermenter dans ſon épi : au lieu qu'en le battant tout de ſuite, l'étendant ſur un ſol bien ſec, le remuant & le criblant de temps à autre, on le conſervoit pour le temps des ſemailles, auſſi ſain & auſſi bon qu'il pouvoit être.

J'ajouterai ici, par ſurabondance, que quand ce temps étoit arrivé, ils chauloient leur grain différemment de ce qu'on fait ailleurs. Dans la plûpart de nos Provinces, on met en monceau le bled deſtiné aux ſemences, on le couvre d'une certaine quantité de chaux vive, & ſur cette chaux on jette de l'eau preſque bouillante, qui, en la diſſolvant, occaſionne une chaleur capable de brûler le germe du grain. Les Laboureurs dont je parle, mettoient le leur dans des mannes d'oſier, & le trempoient ainſi dans une eau, où ils avoient éteint de la chaux vive; puis, après l'avoir laiſſé égoutter, ils en formoient un tas dans lequel ils ajoutoient un peu de chaux, en remuant le tout pour qu'elle s'éteignît peu-à-peu. Par ces procédés divers, ils ſe procuroient un bled ſec, très-pur, & ſur-tout très-ſain; parce que les grains vuides

& gâtés surnageant quand on les trempoit dans l'eau, il étoit aisé de les enlever.

Souvent encore, pendant le cours de ma vie, j'ai eu lieu d'observer que quand une année a été humide, l'année suivante passe pour être peu abondante, quoique souvent elle le soit réellement; mais il y a pour cela une raison dont on ne se doute guères. Dans l'année humide, les grains n'étant point de garde, on se hâte de les vendre & de les consommer. Ceux qui ne sont ni consommés ni vendus se gâtent; ainsi point de bled vieux à espérer, point de provision pour l'année suivante. Cette seconde année se trouvant donc réduite à sa production propre, les yeux accoutumés à voir à la fois celle de deux ans, sont étonnés, & accusent injustement la terre de stérilité. Mais, ce qui est pis encore, c'est que delà naît une cherté plus grande dans le prix des grains; ce qui n'arriveroit point, si en étuvant ceux de l'année humide, on les eût conservés.

Je dis la même chose pour les légumes qui sont en grande partie la nourriture du pauvre, celle des maisons de force & de charité, des hôpitaux, des matelots &c.; & qu'il seroit très-aisé, si l'on vouloit, de conserver d'une année à l'autre, & même davantage. Il ne faudroit, pour cela, que les étuver selon les procédés indiqués ci-dessus: au sortir de l'étuve, les étendre sur un plancher pour les laisser rafraîchir; les y remuer soir & matin pendant les quatre ou cinq jours qu'ils y resteroient; & les enfermer ensuite dans

un

un lieu ſec, avec l'attention de les remuer encore de temps à autre. Avec une ſi médiocre dépenſe & de ſi petits ſoins, quelle épargne ſe procureroient les Maiſons de charité & les autres établiſſemens, qui font une grande conſommation de légumes !

Dans certaines Provinces, on cultive pour les animaux des lentillons, de la veſce, & ſur-tout une ſorte de petits pois, qu'on nomme pois gris. (1) Mais ces légumes ſont ſujets ordinairement,

(1) Sur ces pois, je me permettrai de rapporter un fait qui, à la vérité, tient à l'Agriculture, & par conſéquent m'écarte de mon ſujet; mais j'ai promis de dire tout ce que je crois utile, & je veux tenir parole, ſans prétendre néanmoins donner des leçons aux Agriculteurs. A Dijon, je pris, pour le faire valoir, un champ de quatre-vingt journaux. Juſqu'alors on n'y avoit ſemé que des orges & du méteil, quoique la terre fût paſſablement bonne, & encore ces grains y venoient-ils très-mal. Moi qui voulois élever des beſtiaux pour avoir des engrais, je voulus ſemer du fourrage. Je ſavois que dans la Normandie, la Picardie, l'Artois & la Flandres, on cultivoit, pour cet uſage, beaucoup de pois gris. J'en fis venir de Paris, que je ſemai, & qui réuſſirent très-bien. J'eſſayai enſuite, ſans laiſſer repoſer mon champ, d'y ſemer du bled immédiatement après la récolte de mes pois. Cette récolte ſe faiſant, au commencement, ou dans le courant de Juillet, j'avois le temps de préparer la terre comme il convient. Je fis donc donner un labour immédiatement après la moiſſon. On y porta du fumier très-conſommé; on ſema par-deſſus, & l'on enfouit à la fois le fumier & le grain. Ces ſortes de bleds, que dans le Pays on nomme freſſis, ſont un peu plus tardifs que ceux qu'on ſème ſur jachère; mais ils ſont preſque également beaux, & les miens furent tels.

ſur-tout dans les années humides, à nourrir beaucoup de petits inſectes & de pucerons qui les dévorent. L'étuve, pouſſée à un certain degré de feu, feroit périr ces animalcules; & nos beſtiaux auroient une nourriture plus ſaine. D'ailleurs, il eſt certain que ces inſectes attaquent ſouvent le germe de la graine, & l'empêchent de lever lorſqu'on la ſème. On voit ſur certains légumes, & en particulier ſur les haricots & les pois, de petits points noirs gangreneux, qui produiſent le même mal. Et cela eſt ſi vrai, que ſouvent d'une quantité qu'on met en terre, il n'en lève pas un tiers quand elle a été piquée de la gangrène dont il s'agit, ou attaquée des pucerons. Je ne fais nulle difficulté d'aſſurer que l'on eût prévenu & empêché le mal ſi, au moment

---

Non content de cet eſſai, j'en tentai un autre plus hardi; c'étoit de ſemer bled ſur bled, c'eſt-à-dire, pendant deux années de ſuite & ſans repos. Pour cela, dès que ma première moiſſon fut mûre, je la fis ſcier. Le lendemain on l'enleva; auſſi-tôt on paſſa un rouleau ſur le chaume, que j'avois, à deſſein, ordonné de laiſſer un peu long; & l'on y mit le feu, en prenant néanmoins le deſſous du vent, après cela, un labour léger pour enfouir la cendre, puis la herſe pour arracher les mauvaiſes herbes; ſecond labour plus profond; engrais de fumier bien conſommé; enfin ſemailles & labour pour enfouir la ſemence avec le fumier. J'eus une très-belle récolte; mes voiſins, qui juſqu'à moi n'avoient vu dans mon champ que des bleds de dernière claſſe, diſoient que j'allois leur apprendre la culture de la terre, comme je leur avois appris la mouture.

de la récolte, on eût fait passer légèrement par l'étuve des legumes qu'on destinoit aux semences.

Qui sait si quelquefois on ne feroit pas sagement d'y soumettre aussi la navette. Je vois au moins que cette graine a beaucoup de facilité à s'altérer & à blanchir. Souvent elle s'échauffe dans les sacs, au point qu'on a de la peine à y tenir la main. Certainement une des causes de sa fermentation est l'humidité superflue qu'elle contient. Si on la faisoit étuver doucement pour la dépouiller de cette humidité, elle se conserveroit saine; & je suis même persuadé qu'on ne diminueroit ni la qualité ni la quantité de son huile, pourvu toutefois qu'on eût l'attention de faire un feu doux & modéré.

Personne n'ignore que les marrons sont un aliment recherché à la table des Riches, & que les châtaignes sont pour le peuple un objet de nourriture; mais tout le monde sait aussi que ces deux substances s'altèrent de même très-aisément. La gangrène commence par un petit point noir, & pique le fruit; peu-à-peu elle s'étend, & finit par le pourrir en entier, & le réduire en poussière. A Paris, à peine les châtaignes sont-elles arrivées, qu'on les en voit attaquées. Vers le milieu de l'hyver, on n'en trouve presque plus de mangeables.

Au reste, de la manière dont elles se récoltent, & dont elles nous arrivent des Provinces lointaines qui nous les envoient, je serois surpris qu'elles se conservassent. Le moment de les vendre est-il venu?

Le propriétaire les fait gauler sur ses arbres ; &, sans s'embarrasser de ce qu'elles deviendront, les vend toutes fraîches encore & tout humides. Le Marchand qui les achète n'est pas plus inquiet que lui, parce que le mal étant intérieur, on ne le voit pas. Ainsi donc il les met en tas dans des bateaux, où elles contractent encore pendant la route une humidité nouvelle ; l'Acheteur seul s'apperçoit du mal quand il les consomme ; mais alors il est trop tard.

Il en est à-peu-près de même pour les marrons. Quoiqu'ils viennent dans des sacs, on ne prend pas plus de précautions pour les garantir.

Tout ceci n'arriveroit point, si le Paysan, avant de vendre sa denrée, où le Marchand avant de l'envoyer, avoient soin de la faire passer légèrement par l'étuve, ou au moins de la faire ressuyer un peu sur des clayes exposées à l'air libre & au soleil. Mais ce sont-là des précautions qu'il ne faut point attendre de pareilles gens. Peut-être les Épiciers pourroient-ils les exiger & les obtenir de ceux par les mains desquels ils se fournissent. Mais pourvu que les marrons paroissent sains, peu importe au détailliste qu'ils le soient en effet. Son vœu secret, au contraire, est que la plupart soient bientôt gâtés, parce qu'alors il espère en vendre d'autres. La seule ressource est donc que ceux des particuliers aisés qui en acheteront, fassent leur provision au moment où ils arrivent, & que, sans perdre de temps, ils les séchent d'une manière quelconque, soit dans un four, soit dans une étuve d'office, s'ils n'ont pas d'autre moyen, soit même dans un poële.

Dans celles de nos Provinces stériles, telles que le Rouergue, les Cévennes, le Limousin, &c, où le Paysan se nourrit de châtaignes pendant presque toute l'année, on emploie, pour les conserver, des procédés de ce genre. On les fait sécher & boucaner à la fumée ; & après cette opération, quand elle a été bien faite, on peut les garder saines pendant deux ou trois ans sans risques.

J'ai connu un Seigneur Alsacien qui, en 1781, année où la vendange avoit été très-abondante, ne trouvant plus de tonneaux pour ses vins, s'avisa de placer dans les différentes chambres de son Château plusieurs étages de clayes, sur lesquelles il mit son raisin, de manière pourtant que les grappes ne se touchassent pas, & que l'air pût circuler librement entre chaque claye. En le retournant de temps en temps, en fermant ses fenêtres toutes les nuits, & pendant le jour même dans les temps humides, il le conserva très-beau & très-sain jusqu'à Noël. Alors les tonneaux devenant plus communs & moins chers, il le porta sous le pressoir. Le raisin, par ce procédé, avoit beaucoup perdu du phlegme & de l'eau qu'il contient ; il avoit acquis plus de qualité ; aussi le propriétaire fit-il un vin excellent qui surpassa celui de sa première cuvée, & qu'il vendit aussi cher que le meilleur vin du Rhin.

J'insiste sur l'établissement des étuves, parce que non-seulement elles conservent les grains qui ont de la disposition à se gâter, & parce qu'elles rétablissent ceux qui sont gâtés, mais encore parce qu'elles rendent meilleures & plus agréables les farines des bleds qu'on y a soumises. Plusieurs fois je m'en suis assuré par ma propre expérience, même sur des grains de basse qualité, mais bons & sains. De deux parties de Sarrasin, dont l'une avoit été moulue sans être étuvée, & l'autre après l'avoir été, on a toujours trouvé cette derniere meilleure au goût. Dans la crainte qu'on ne soupçonnât en tout ceci de la prévention, j'ai fait plus, j'ai tenté l'expérience sur des animaux, & présenté à des chevaux, d'un côté, de l'avoine ordinaire achetée au marché, de l'autre, de l'avoine humide qui avoit passé par l'étuve. Ils ont toujours préféré celle-ci, & paroissoient la manger avec avidité. J'ai essayé de mêler cinq sixièmes de ces farines d'avoine étuvée, avec des farines de froment qui commençoient à s'échauffer, & qui avoient déjà contracté un goût; ce goût étoit bien moins fort. Enfin, résolu de pousser mes épreuves jusqu'où elles pouvoient aller, j'ai choisi des bleds si gâtés, qu'une vingtième partie auroit suffi pour rendre le pain incapable d'être mangé. Après les avoir lavés selon les procédés dont j'ai parlé ci-dessus, puis étuvés & moulus, j'en ai mêlé la farine par portion égale avec de bonne farine; & le pain s'est trouvé mangeable. Mêlée au quart, le pain étoit bon, & si bon que des gens en place & des Bourgeois, à qui j'en ai fait manger sans les prévenir, m'ont avoué qu'il falloit mon témoignage pour leur faire croire le fait.

Je m'attends qu'il y aura des personnes défiantes

qui, quoique ſans preuves contraires, commenceront néanmoins par ſoupçonner la vérité de tout ce que j'annonce ici. Eh! Meſſieurs, avant de me condamner, conſidérez un peu, je vous prie, le motif qui me fait écrire tout ce que vous liſez. Que m'importe à moi que des Fermiers, des Marchands, des Propriétaires étuvent ou n'étuvent pas leurs bleds? Quel intérêt ai-je à leur donner ce conſeil, & que m'en revient-il? Mais j'aime ma Patrie; je ſuis perſuadé qu'un homme inutile aux autres eſt indigne d'exiſter : & d'après ce ſentiment & ce principe, je me crois obligé d'enſeigner à mes compatriotes des découvertesque je crois importantes pour eux.

Au reſte, ſi quelqu'un étoit jaloux de les vérifier, la choſe eſt aiſée en petit, & même ſans aucuns frais quelconques. La plupart des maiſons bourgeoiſes ont un poële de fayence avec fourneau. Quand le poële eſt bien allumé & qu'il a jeté ſa première vapeur, placez-y un vaſe ou aſſiette de fayence qui n'ait aucune odeur; & dans cette aſſiette étuvez un ou deux litrons de bled ou de légumes. Pour être ſûr de la chaleur que vous adminiſtrerez, il ſera bon de mettre dans le fourneau un petit Thermomètre. Quand le grain ſera bien étuvé, (peut-être à une première fois ne réuſſirez-vous pas, & aurez-vous beſoin de plus d'un eſſai,) étendez-le ſur un linge blanc, afin qu'il ſe refroidiſſe & perde ſa chaleur, & l'y laiſſez pendant deux jours, en ayant ſoin de le remuer de temps en temps. Moulez-le enſuite dans un moulin à café, passez la farine dans un tamis fin, & employez-la soit en bouillie, soit en gâteau : si ce sont des légumes, faites-les cuire ; & alors prononcez sur mon opération. Quant à moi, je vous dirai plus encore ; c'est que je l'ai essayée sur du café qui avoit un petit goût de mariné, & que j'ai fait disparoître entièrement ce goût.

Qu'il me soit donc permis d'exhorter & de faire des vœux pour que l'utilité des étuves domestiques soit connue & que l'usage s'en répande. C'est au Magistrat chargé de la Police de Paris, ou au Magistrat chargé de son approvisionnement, qu'il appartient particulièrement de procurer ce bien. Que d'abord, pour s'assurer si mes expériences sont vraies, ces Messieurs les fassent répéter en petit devant des gens du métier & en état de porter sur cet objet un jugement certain. Dans le cas où le succès seroit constaté, qu'ils ordonnent alors, pour le service public, la construction d'une étuve en grand avec son lavoir ; dussent-ils exiger, pour son entretien, une rétribution de tous ceux qui voudront s'en servir.

Un pareil exemple entraîneroit bientôt les esprits. Combien de Marchands de farine & de Marchands de bled, tant dans Paris que dans les environs, à Beaumont, Pontoise, &c ; combien de Fermiers, de Propriétaires & de Seigneurs en feroient construire une pour leur usage. Dans la plupart des anciens Châteaux, on trouve des tourelles qui jadis en formoient l'ornement, & qui aujourd'hui, devenues inutiles, pourroient être employées à l'usage dont nous parlons, en y pratiquant trois étages & plus, suivant la hauteur. Le premier doit avoir cinq pieds & demi de haut; les deux autres, quatre pieds chacun; & la tourelle, au moins cinq à six de diamètre. Si l'on vouloit que rien n'y manquât, il faudroit doubler le mur intérieur d'un bon mortier de trois à quatre pouces d'épaisseur, & blanchi ensuite, puis pratiquer au rez-de-chaussée un fourneau en brique, en forme de poële, avec son tuyau, & au toit, quelques soupiraux qu'on pourroit ouvrir à volonté. Une étuve ainsi construite pourroit servir à tout un Village; & entre les mains d'un Seigneur, elle deviendroit une propriété précieuse, comme un Pressoir, un Four, un Moulin bannaux; mais il faudroit n'y chauffer les bleds, au moins ceux qu'on destine au marché, qu'autant qu'il seroit nécessaire pour leur faire perdre leur humidité superflue, & non assez pour leur ôter ce coulant que le Marchand aime à sentir quand il les tâte.

Les étuves une fois usitées & devenues communes, nous verrions des Artistes habiles s'occuper d'en perfectionner la construction & l'administration; nous verrions des Physiciens & des Chymistes chercher & découvrir des procédés plus courts & plus sûrs, de meilleures manières d'opérer. Le Cultivateur seroit assuré de ne plus perdre le fruit de ses sueurs & de ses travaux; nous ne laisserions plus gâter par notre négligence ce que la terre a produit pour nous, & que nous avons acheté par tant d'avances & de travaux. Enfin, toutes nos moiſſons pourroient être conſommées d'une manière quelconque; & le Conſommateur, ainſi que le Cultivateur, enrichis tous deux de ce qui ſeroit conſervé, béniroient à jamais la mémoire de l'heureuſe Adminiſtration qui auroit opéré tant de bien.

FIN.

ERRATA.

Pag. 31, ligne 18, *mieux* : liſez *moins*.
Idem, ligne 21, *d'autres farines*: liſez, *d'autres bleds*.
Pag. 52, ligne 12, *en* 1778 : liſez, *en* 1773.
Pag. 55, ligne dernière, *le peuple s'eſt dégoûté des ſeigles, & n'a plus voulu* : liſez, *le peuple, cette année-là, ſe dégoûta des ſeigles, & ne voulut plus*.

APPROBATION.

J'AI examiné par ordre de Monſeigneur le Garde-des-Sceaux un Manuſcrit intitulé : *Traité-Pratique de la Conſervation des Grains, des Farines, & des Étuves domeſtiques, &c.* Par M. CÉSAR BUCQUET ; je crois que cet Ouvrage ſera utile au Public, & je n'y ai rien trouvé qui puiſſe en empêcher l'impreſſion. A Paris, le 12 Juillet 1783.

DE LA LANDE, Cenſeur Royal.

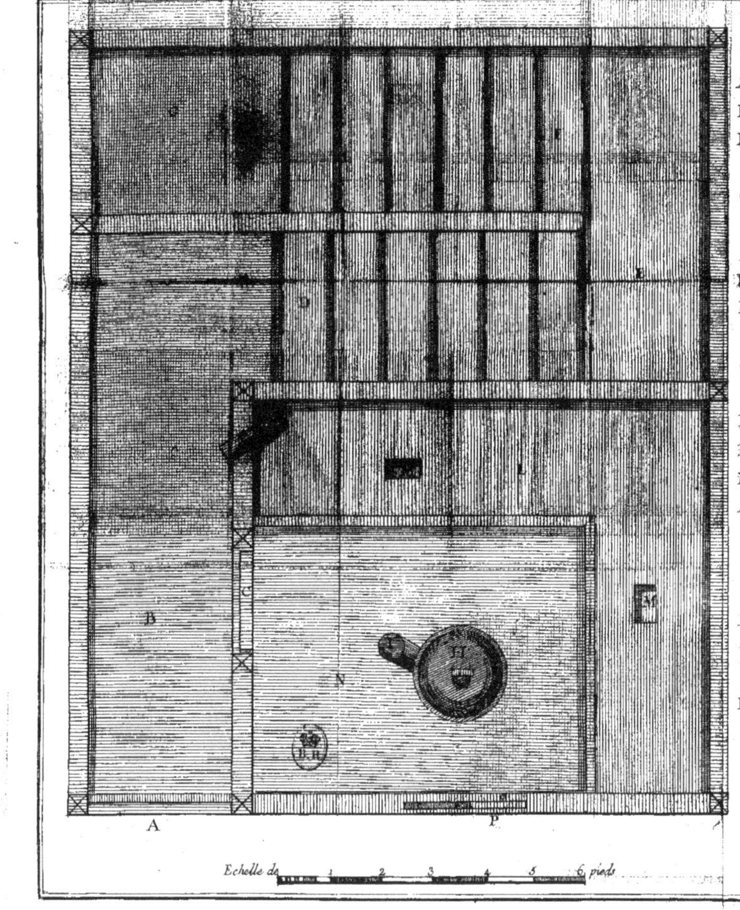
A
P
Echelle de 1 2 3 4 5 6 pieds

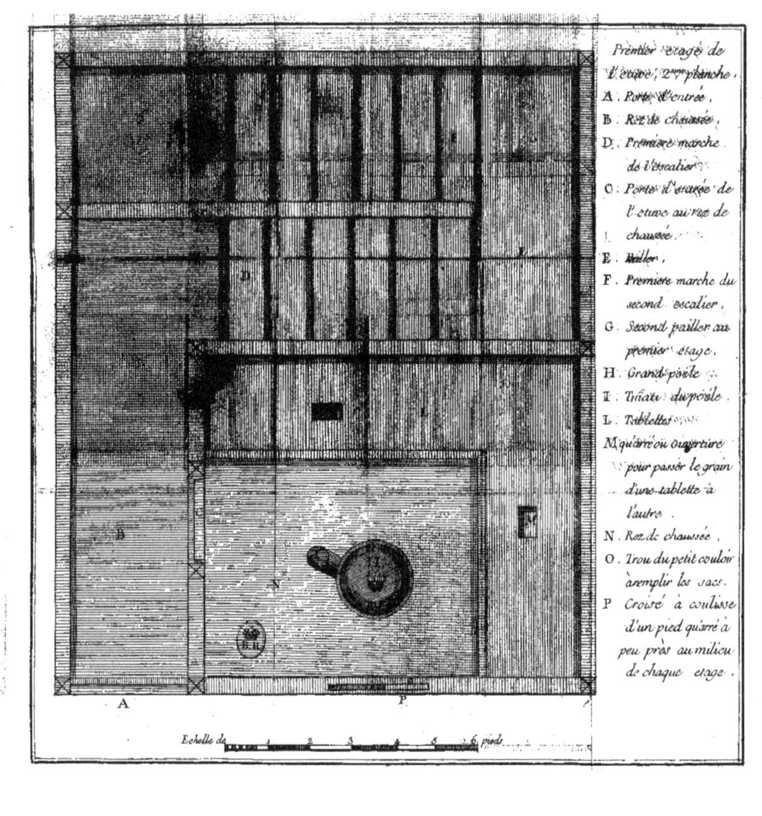
Premier etage de l'etuve, 2me planche.
A. Porte d'entrée.
B. Rez de chaussée.
D. Premiere marche de l'escalier.
C. Porte d'entrée de l'etuve au rez de chaussée.
E. Pallier.
F. Premiere marche du second escalier.
G. Second pallier au premier etage.
H. Grand poêle.
I. Tuiaux du poêle.
L. Tablettes.
M. quarré ou ouverture pour passer le grain d'une tablette à l'autre.
N. Rez de chaussée.
O. Trou du petit coulóir à remplir les sacs.
P. Croisé à coulisse d'un pied quarré à peu près au milieu de chaque etage.
A
P
Echelle de 1 2 3 4 5 6 pieds

nous avons acheté par tant

OBSERVATIONS

SUR LA

BOULANGERIE.

J'ai déjà prévenu que les Obſervations critiques qu'on va lire, ſont d'une main & d'un ſtyle différens de ce qu'on a lu juſqu'ici. Le Rédacteur de ces Obſervations eſt M. Béguillet, le même à qui l'on doit le *Traité de la Mouture Économique*, & d'autres Ouvrages ſavans dans différens genres. Il s'eſt chargé de rédiger mes notes, comme il avoit rédigé précédemment pluſieurs parties de mes travaux. Elles vont offrir, je le répète, différentes réflexions qui ont déjà eu lieu dans ce qu'on vient de lire. Mais ayant fait tirer un certain nombre d'exemplaires du *Traité-pratique de la Conſervation des grains & Farines* pour être vendus ſéparément & à part des Obſervations, je n'ai pu me diſpenſer de toucher dans la première Partie certains objets qui auront lieu encore dans la ſeconde.

OBSERVATIONS SUR LA BOULANGERIE.

A MM. PARMENTIER & CADET.

LES OBSERVATIONS que j'ai l'honne ur de vous adresser, Messieurs, sont bien réellement de votre serviteur César, ancien Meûnier de l'Hôpital, comme le porte le titre. Mais je l'avoue sans rougir, ne sachant ce que c'est que *style*, pas assez écrire pour faire des Livres, mais bien assez pour écrire les faits de mon art ; & ne voulant pas le savoir, parce que j'ai toujours préféré la science des choses à celle des *mots* & à l'art de faire des *phrases*, (art utile sans doute, puisqu'il nourrit tant de *Docteurs* à Paris, aux dépens des pauvres Badauds tels que moi & mes pareils) j'ai été forcé d'emprunter la plume de mon Compère *Michel Morin*, ancien *Mitron de Gonesse*, & qui tient aujourd'hui une Boutique d'Écriture au bout du Quai de l'École, où il s'enrhume à dresser des Instructions & Placets aux Ministres, des Avis au Public, des Lettres d'Amour aux Personnes en condition, &c. Vous verrez que le vieux Bon-Homme a encore assez de nerf pour donner de la force, du corps & de la couleur à mes pensées. Il nous est bien permis d'être deux, comme à vous d'être trois.

Cette déclaration extrajudicielle, mais aussi sincère que celles qui sont assermentées, étoit nécessaire dès-l'abord, pour que vous ne cherchiez pas chicane au Bon Homme, qui n'est que mon interprête. Dès que je me nomme à la tête, & que vous me connoissez bien d'ailleurs, puisque vous m'avez vû de près au Moulin, c'est à moi que vous aurez la bonté d'adresser vos Réponses directes, sur-tout s'il n'y est question que des principes théoriques & pratiques des Arts que vous enseignez; car si vous recourez, comme Jupiter quand il a tort, aux foudres de l'éloquence pour ne dire que des mots & des injures, je vous laisserai ma foi tonner, & vous aurez raison tous seuls. Au reste, je ne crains point de me nommer, parce que j'entreprends une *réclamation de justice*, une *défense modérée*, que vous ne manquerez pas sans doute de qualifier de *Satyre*; mais qui n'est dans le vrai qu'une critique utile & honnête, relevée par un grain de *sel de Duobus*.

Si le *desir de se conserver est* (comme vous le dites à l'ouverture de vos Écoles (1),) *une Loi établie par la nature & gravée dans tous les cœurs*; il en est une autre non moins précieuse à la Société, & imprimée dans

(1) Voyez le *Discours prononcé à l'ouverture de l'École gratuite de Boulengerie, par M. Parmentier*, in-8°. de l'Imprimerie de Pierres, 1780, pag. première, lig. 1.

le cœur des honnêtes-gens, qui défend à ceux qui ont un besoin journalier de se *conserver*, de vivre aux dépens d'autrui, & qui leur ordonne de se nourrir de leur propre travail. Cette même Loi permet à tout Citoyen industrieux de réclamer le fruit de ses travaux, l'honneur qu'on veut lui enlever avec la fortune par des inculpations graves (1), & le prix d'une vie laborieuse consacrée (on ose le dire) à l'uti-

(1) Des intérêts aussi chers que ceux de mon honneur, de ma fortune, de mon état & de celui de mon gendre, qui m'a remplacé dans les Moulins de l'Hôpital-Général, sont des motifs sérieux & suffisans pour justifier ma *réponse* à des inculpations sourdes & ténébreuses, & qui, par-là, n'en sont que plus dangereuses, comme on le verra plus bas.

On pourra être surpris du retard de cette *réponse*, puisqu'elle concerne principalement deux Discours imprimés en 1780; mais les revers que j'ai essuyés dans cet intervalle, les maladies qui m'ont souvent mis aux prises avec la mort pendant trois ans, & l'inutilité de ce qu'on nomme patriotisme dans un siècle égoïste, sont une excuse légitime auprès de ceux qui me connoissent.

D'ailleurs, ces Messieurs continuent leurs attaques sourdes & indirectes dans leurs écrits & dans les Journaux; non contens d'apprendre la Chimie aux Boulangers de Paris, ils veulent professer la Meûnerie. Ils profitent de mes découvertes pour en farcir leurs compilations sans me citer; il falloit donc couper court à toutes ces tentatives odieuses, & cela suffit pour justifier ma réponse, quoique tardive. L'utilité & l'importance des objets que j'y traiterai, seront encore plus propres que mes motifs personnels à faire recevoir cet écrit avec indulgence.

lité publique, quoique dans un emploi bien inférieur en apparence.

Qui pourroit croire, en effet, que moi, ſimple Meûnier, homme illitéré, & qui n'ai jamais quitté les Moulins ni la Halle de Paris que pour aller établir des *Moulins économiques* dans les Provinces, je me ſois propoſé dès 1762, de réveiller l'attention du Gouvernement ſur le premier des Arts de néceſſité, ſur un *nouvel Art de moudre les grains par économie*, qui épargne un quart (& quelquefois un tiers dans les années pluvieuſes) de conſommation & de perte par les moutures brutes & groſſières, alors uſitées preſque par tout le Royaume? qui pourroit imaginer que j'aye conçu en même temps le projet d'enrichir l'Hôpital & les Maiſons de Charité, par une mouture encore plus économique dont je ſuis l'inventeur, & que j'ai nommée par cette raiſon, *Mouture des Pauvres* ou Mouture à la *Lyonnoiſe* parce que j'en fis les premiers eſſais à la Charité de Lyon?

Qui pourroit croire enfin (puiſque ces Meſſieurs n'en diſent rien dans leur École, ni dans leurs écrits) que j'ai ouvert dans le Royaume une nouvelle ſource de richeſſes, par le commerce & l'exportation libre des farines économiques, bien préférables aux grains en nature, pour l'approviſionnement des Marines Royale & Marchande? Que j'aie voulu prévenir les diſettes & les chertés, qui réduiſent ſi ſouvent le pauvre peuple au déſeſpoir, par l'établiſſement des Magaſins de *Farines économiques*, pour faciliter dans les Villes & Bourgs le commerce & la vente de ces Farines par détail & au petit poids? Que j'aie fait sentir le premier au Gouvernement la nécessité de propager de pareils Établissemens pour toutes les Provinces? de les persuader par des essais publics, plutôt que de les ordonner? de répandre partout la lumière de l'instruction sur l'Art si nécessaire & si peu connu de préparer le premier de nos alimens? d'établir des *Ecoles de Meûnerie & de Boulangerie?* de faire imprimer un *Traité général des grains & des subsistances*, qui contiendroit dans le plus grand détail tous les principes théoriques & pratiques du *nouvel Art* de moudre les grains par économie, avec les plans nécessaires pour en faciliter l'intelligence? enfin de répandre avec profusion, un *Manuel purement pratique du Meûnier & du Charpentier de Moulins économiques*, pour que l'Art de la Charpente & de la construction des Moulins, sur lequel on n'àvoit encore rien écrit dans aucune langue, fût à la portée des Charpentiers les plus bornés; puisque c'est uniquement de la bonne construction du Moulin, de la convenance & du jeu libre de toutes ses parties que dépend la bonne mouture?

Tout cela a été fait & exécuté à la lettre; les *Journaux* & les Papiers publics en ont retenti; les *Èphémérides du Citoyen*, & les *Avis au Peuple*, de M. l'Abbé Beaudeau en ont démontré l'utilité & les avantages avec une éloquence mâle & vigoureuse; les *Essais* de comparaison de la mouture économique avec les moutures brutes & grossières ont été faits par moi en présence des Magistrats & des Jurés Boulangers, dans plusieurs Villes & Provinces du Royaume, par ordre du Gouvernement ; les *procès-verbaux* qui constatent avec ces faits, les avantages infinis de la mouture économique, ont été publiés & répandus par-tout. Le *Traité général des grains & de la mouture par économie, rédigé par M. Béguillet*, en 2 volumes *in*-4°, & en 6 volumes *in*-8°. avec figures, a été imprimé aux frais du Gouvernement & dédié au Roi ; le *Manuel du Meûnier & du Charpentier de Moulins économiques, rédigé sur mes Mémoires par M. Béguillet*, *in*-8°. avec figures, a été présenté au Roi dès 1775, par ordre de M. Turgot, &c, &c ; & cependant MM. Parmentier & Cadet se donnent aujourd'hui pour les Promoteurs & les Apôtres de ce nouvel Art, sans jamais parler de ce qui a été fait avant eux, sans jamais citer les écrits antérieurs où ils puisent leur existence & leur science économique. *Quò usque tandem* ? dit souvent mon Compère, qui sait le Grec.

C'est donc moi, Messieurs, (comme vous le savez très-bien) qui vous ai valu l'honneur utile & la gloire stérile de professer aujourd'hui ce bel Art, que vous préférez, par une métaphore aussi brillante que juste, à l'*art de tailler les diamans* ; (Disc. de M. Parmentier, pag. 2.) En cela vous avez bien raison ; car la poussière brillante du diamant & des pierres fines, ni même l'or moulu & l'or potable, ne valent pas sans doute, quoiqu'en disent les *Midas*, la farine qui sort de dessous mes meules ; & tous les hommes sensés ressemblent assez à ce Coq prudent de la fable, qui offroit une perle trouvée sur un fumier pour l'échange d'un grain d'orge.

Je n'aurois qu'à me louer avec les autres Meûniers mes Confrères, & les humbles animaux qui partagent nos travaux, de l'*éclat* que vous répandez sur notre *profession, plus utile que celles de l'Astronome & du Naturaliste*, (Disc. pag. 3.). si vos principes & votre théorie comi-chymi-physique n'entraînoient pas des conséquences dangereuses pour le Public, faute d'avoir pratiqué ce que vous enseignez gratuitement, à ce que vous dites ; & si vous aviez au moins la justice de citer les travaux de ceux qui ont parcouru la carrière où vous ne faites que d'entrer, & que vous avez reconnus vous-mêmes pour vos Maîtres & vos précurseurs en cette partie.

Je conviens encore une fois, Messieurs, que plus habile dans l'art de conduire mes meules que dans l'art d'écrire, je me suis contenté de fournir des Mémoires détaillés au Gouvernement, qui les a fait rédiger par un homme de Lettres de son choix, & qui les a fait accompagner de plans, de dessins & de gravures, sans lesquels toute instruction sur la meûnerie, fût-elle même de défunt Cicéron, deviendroit absolument inutile. Ainsi, puisque vous citez si souvent & avec tant de complaisance M. Brocq le Boulanger, vous pouviez également citer César le Meûnier, comme ayant perfectionné la mouture économique qui vous nourrit aujourd'hui,

& qui vous honore autant que ſi vous portiez le *chapeau blanc*, marque diſtinctive de nos Profeſſeurs; comme la *Croix noire* ſur le dos, & le bonnet fourré ont été de tout tems celle de nos Docteurs anciens & modernes paſſés Maîtres en l'Univerſité d'*Aſnières*.

L'importance de ce *Profeſſorat confié à deux Apothicaires*, (*Diſc.p.* 62,) m'avoit d'abord tellement ébloui que j'ai long-temps héſité de répondre à des diſcours de pur apparat, dont j'ai fait moi-même les premiers fonds, & dont j'ai fourni les matériaux dans les *Avis au Peuple, le Traité des grains, & le Manuel du Meûnier* (1).

Je voulois d'ailleurs juger des ſuccès de votre nouvelle École (gratuite pour les Auditeurs bénévoles, mais qui leur coûte aſſez cher par la perte d'un tems précieux qui pourroit être mieux employé) avant de réclamer la très-petite portion de gloire que vous auriez pu accorder à mon zèle patriotique, ſans nuire à la vôtre. Ce zèle coûte trop cher à ma famille & à moi, pour ne pas en obtenir le ſalaire; car il faut

(1) Je peux citer ces Ouvrages comme les miens, du moins pour la pratique, & dans tout ce qui n'eſt pas ſcientifique; puiſqu'ils ont été rédigés ſur mes Mémoires, comme les Auteurs en ſont convenus dans le titre & dans le texte. On ne voit pas qu'aucun de ces Ouvrages ait été cité par MM. Parmentier & Cadet, qui affectent de dire qu'ils ne les ont pas lus, tandis qu'ils les copient littéralement, & que c'eſt là où ils puiſent toute leur doctrine, comme il ſera aiſé de le prouver par la hardieſſe de ce plagiat: il ne s'agit que de comparer.

bien, comme on dit, que le *bon-homme ait tôt ou tard ſon ſac & ſes quilles.*

Un motif plus noble m'anime encore ; celui de relever ſucceſſivement les erreurs involontaires, ſans doute, & dangereuſes qui échappent néceſſairement à des Meûniers-Chymiſtes qui n'ont jamais moulu qu'avec des pilons, à des Profeſſeurs de Boulangerie, qui n'ont jamais pétri qu'avec des ſpatules. Comme vous cherchez, je crois, Meſſieurs, la *vérité* de bonne-foi, afin de la profeſſer & de l'enſeigner aux autres, je penſe que mes réflexions ne vous déplairont pas, puiſqu'elles n'ont pour baſe que l'amour de la vérité & le zèle du bien public, qui fut toujours mon idole ou plutôt ma folie ; car cet idole a toujours été ſourd pour moi.

D'un autre côté, je ne m'écarterai jamais de la conſidération & des égards, qu'un ignorant tel que moi doit à des Savans tels que vous ; quoique j'aye dans mes moulins & dans mes magaſins des garçons & des Élèves qui en ſavent infiniment plus que vous ſur la conſtruction & le mécaniſme des moulins ; ſur l'art très-difficile en effet, de moudre les grains à profit pour en tirer le meilleur produit poſſible ; & ſur celui de conſerver les bleds & les farines en tas par la main-d'œuvre, préférable à celui que vous conſeillez, de les garder précieuſement en ſacs.

Tout ceci s'éclaircira mieux par la ſuite de mes Obſervations, diviſées en *trois paragraphes.* J'examinerai dans les deux *premiers* vos Diſcours *imprimés* ; & dans le dernier, votre doctrine *orale*, avec quelques objets relatifs. Ce ne sera point une de ces querelles d'Auteurs que le Public oublie après avoir ri un moment; l'utilité qui en peut résulter, rendra peut-être cette Brochure plus durable que ces Écrits polémiques, où l'on ne trouve rien d'instructif, & qui ne contiennent souvent que des injures en place de bonnes raisons. Je ne craindrai point un pareil reproche, par le soin que j'aurai d'éviter toute personalité, pourvu que je rie par fois avec mon Compère.

§. PREMIER.

Le pain de *pomme de terre*, autrement nommé *pain-Cadet* (1), étant tombé dans le plus grand discrédit, ces Messieurs crurent devoir abandonner cette *fécule*, (mot qui sent la Pharmacie à pleine gorge) & revenir

---

(1) Voyez le *Jugement impartial & sério-comi-critique d'un Manant, Cultivateur & Bailli de son Village, sur le pain de pomme de terre pur, de MM. Parmentier & Cadet, imprimé à Berne en* 1780, l'année même de l'ouverture de l'École gratuite de Boulangerie. Cette Brochure, dont le titre porte à *Berne*, & à Paris, chez Vallat-la-Chapelle, Libraire, au Palais, est une des productions les plus ingénieuses & les plus *poignantes* pour ceux qui annoncent des découvertes qu'ils sont dans des Livres, & qu'ils donnent pour les leurs. Elle a fait cesser l'ennui que l'on donnoit au Public dans tous les Journaux, au sujet du prétendu mérite du pain de pomme de terre, & de sa supériorité sur celui de froment, & il n'en a plus été fait mention. Indépendamment de cette sorte de mérite qu'on trouve dans ledit *Jugement sério-comi-critique du Manant*, on y rencontre, dans une trentaine

au *pain de froment*, pour lequel, malgré ce qu'en a dit M. Linguet, le François a un goût décidé, qu'on ne lui fera pas paſſer aiſément, ni impunément. Ils imaginèrent de ſubſtituer habilement le *pain-Brocq* au *pain-Cadet*, qui étoit fort dur, fort ſec & fort peu ſavoureux; ſur-tout fort coûteux, & qui par cette raiſon même, ne valoit rien ni pour les chiens ni pour les Galériens. Ils s'aſſocièrent fortuitement avec le ſieur Brocq, enfant de la Balle, ou du Panneton, & Boulanger des Invalides, & ils ſe chargèrent du débit de ſes *pains de doctrine*. Ils trouvèrent en effet, que l'idée d'une *École de Meûnerie & de Boulangerie*, que j'avois propoſée depuis long-temps au Gouvernement, dans la Préface & à la fin du *Manuel du Meûnier* & ailleurs, ſeroit admirable, fructueuſe & d'un excellent produit dans des mains induſtrieuſes. Ils parvinrent, à force d'adreſſe, de démarches & de raiſons ſpécieuſes, dont j'avois fourni l'*argument* (1), à faire établir cette École dans la Capitale.

---

de pages, une multitude d'obſervations intéreſſantes ſur tout les points principaux de l'Agriculture ; & j'aimerois mieux avoir fait cette excellente Brochure, que tous les Ouvrages de MM. Parmentier & Cadet.

(1) On peut voir ce que dit à ce ſujet *M. Béguillet*, dans le *Traité des grains* & le *Manuel du Meûnier*, imprimés dès le commencement de 1775. Voici ce que dit le même Auteur ſur ces différentes Écoles, avec autant d'énergie que d'éloquence, dans ſon *Précis analytique*, diſtribué gratuitement par ordre du Gouvernement.

Le zèle du Magiſtrat reſpectable auquel on doit déjà tant d'établiſſemens utiles, n'a pas voulu laiſſer échapper l'occaſion de celui-ci, que je ne ſaurois trop

---

« Des *Écoles d'Agriculture-pratique*, pour les Cultivateurs & » les Vignerons; des *Écoles Vétérinaires*, pour la conſervation » des animaux utiles à l'homme, & principalement des bêtes à » laine; des *Écoles de Meûnerie*, où l'on apprendroit les principes » de la conſtruction des moulins, & les procédés du *nouvel art* » de moudre les grains; des *Écoles de Boulangerie*, pour éclairer » ſur la préparation du premier de nos alimens; des *Atteliers* » toujours ouverts à l'indigence, où l'on enſeigneroit l'art de » préparer les laines, le lin, le chanvre & la ſoie, la filature, » les dentelles, les ſoies & les étoffes; la *Recherche des Mines*, » aux travaux deſquels on employeroit les Criminels & les Men- » dians valides; enfin, des *Écoles d'Économie-pratique*, & de » tous ces Arts qui font le ſoutien de la Société, vaudroient bien » ſans doute celles où la Jeuneſſe conſume le temps le plus pré- » cieux de la vie à des *études frivoles*, qui ne ſont pas faites pour » le commun des hommes, & qui ne ſervent qu'à les éloigner » de ces profeſſions ſi néceſſaires. En effet, ces profeſſions, qui » demanderoient le plus de lumières & de connoiſſances, ſont » abandonnées à ceux qui en ont le moins, parce qu'on ne prend » pas la peine de les inſtruire; le mépris & la misère ſont le par- » tage ordinaire de ceux qui les exercent; tandis que les établiſ- » ſemens gratuits, les encouragemens de toute eſpèce, les éloges, » la conſidération, les richeſſes & le plaiſir ſont le lot des talens » agréables. Telles ſont les cauſes premières de la *frivolité*, que » les Étrangers & les eſprits ſolides reprochent à notre Nation. » Au lieu d'un Peuple agricole & marchand, que la Culture, le » Commerce & les Arts utiles pourroient enrichir & rendre heu- » reux, on ne voit dans les campagnes que des Eſclaves exténué-

louer en effet. Mais, Messieurs, en louant les motifs de cet établissement vraiment patriotique, en respectant la main bienfaisante qui a fondé votre École, pour le progrès de laquelle je fais des vœux sincères, qu'il me soit du moins permis à votre égard, de souhaiter des Professeurs plus instruits dans la pratique; car je ne vois pas que quelques Discours à *fleurs doubles*, c'est-à-dire qui ne portent jamais de fruits, prononcés tous les trois ou quatre mois, tantôt dans un Attelier, tantôt dans un autre, puissent contribuer à perfectionner l'art de la Meûnerie & de la Boulangerie, dans une ville où l'on a toujours fait, sans tant de façons, de meilleur pain que partout ailleurs. C'étoit principalement pour les campagnes & les Provinces que j'avois conseillé de pareils établissemens; parce que ces deux professions essentielles y sont abandonnées à la routine & à l'ignorance, qui occasionnent au Peuple une perte considérable sur le produit de son bled, & qui lui font manger un pain encore plus mauvais que le *pain-Cadet*; ce dernier étant séché au four, pour-

---

» de travaux, courbés sous le faix des impôts & des besoins les » plus urgens, & hors d'état de faire à la terre les avances de » culture qu'elle exige pour les rendre avec usure. Si des campagnes on rentre dans les villes, on n'y trouve que des Littérateurs, des Poëtes, des Peintres, des Musiciens, des Danseurs, » des Comédiens & des Charlatans de toute espèce, sans parler » de cette multitude innombrable de gens que l'art funeste de la » chicane & de la domesticité enlèvent à la culture. »

roît du moins servir à préparer du biscuit pour l'année 2240, au lieu que le pain des campagnes est noir, lourd, indigeste, sujet à s'aigrir & à moisir, &c. &c. C'est donc où est le mal, qu'il faut porter le remède & l'instruction.

L'ouverture de l'École s'est faite le 8 Juin 1780, par deux Discours, dont l'un a été prononcé par M. Parmentier, & l'autre par M. Cadet. Ces Messieurs, après un court préambule, où ils disent, page 4, que *leurs jours ont été pleins, & que leurs occupations n'ont pas été infructueuses*, entrent en matière, p. 5, en disant que l'établissement d'une *École publique* de Meûnerie & de Boulangerie ne sauroit être mieux annoncée que par l'*Histoire de l'Art* & l'*exposé des avantages* qui en doivent résulter. Tel est le partage des deux Discours qui composent une Brochure de 100 pages, imprimée chez Pierres, & qui sont le seul Ouvrage sorti de cette École depuis son institution.

Avant d'en rendre compte, j'observerai, 1°. que c'étoit bien moins sur l'*Histoire & les avantages de la Meûnerie & de la Boulangerie*, qu'il falloit *perorer*, que sur les *principes de l'art*, qu'il falloit exposer avec clarté, & développer avec méthode, pour en faire du moins une Brochure utile aux Élèves qu'on se propose de former. Mais ces Messieurs voyant la besogne toute faite dans le *Manuel du Meûnier*, rédigé sur mes Mémoires, & qui n'a que 60 pages de plus que la merveilleuse Brochure où ils étalent une érudition si déplacée, ils ont trouvé plus commode de ne rien dire sur les principes, & de *renvoyer tacitement au Manuel du Meûnier, & au Traité des grains & de la mouture économique*, ceux qui voudroient avoir des instructions réelles sur la théorie & la pratique de l'art qu'ils professent & qu'ils ignorent.

2°. Que ce ne sont pas de belles phrases, ni de l'érudition, ni de la Chymie systématique, qu'on devoit attendre d'une pareille École, où l'instruction, la doctrine & les exemples, de même que la langue qu'on y parle, doivent être à la portée, non-seulement des intelligences communes & ordinaires; mais encore de celle des Élèves auxquels on doit supposer le moins de dispositions, si l'on veut atteindre le véritable but d'une pareille institution, qui seroit de former une pépinière de jeunes sujets instruits & propres à répandre par-tout (1) la théorie & la pratique de ces professions

---

(1) J'ai déjà observé que cette institution seroit infiniment plus utile dans les campagnes & les Provinces qu'à Paris, où les Élèves peuvent se former d'eux-mêmes, sans École & sans Chymistes, dans les Atteliers & sous les yeux de leurs Maîtres. L'École ayant le double but de former des Élèves aussi instruits dans la Meûnerie que dans la Boulangerie, il falloit donc y consacrer un local particulier, où l'on eût des greniers disposés comme ceux que j'ai fait faire dans plusieurs villes, pour la manutention & conservation des grains & farines, avec des machines destinées à cet usage; des moulins montés par économie, tels que j'en ai fait construire en différens lieux du Royaume, & dont j'ai tracé les plans, les figures, les proportions & les mesures dans le détail

utiles. Que si à toute force ces Messieurs vouloient de l'érudition, ils n'avoient qu'à transcrire avec plus d'or-

---

de toutes leurs parties, comme on peut le voir en jetant seulement les yeux sur les planches du *Manuel du Meûnier*, & sur celles du grand *Traité des grains & de la mouture par économie.* Enfin, il falloit joindre à cette École tout l'appareil d'une Boulangerie bien montée, sous l'inspection de Maîtres choisis par le Corps des Boulangers. Il y auroit dans cette École des Maîtres en tout genre, comme Maîtres de Dessin & de Charpente, pour apprendre aux Élèves le méchanisme & la construction des différentes sortes de moulins, des greniers de conservation, des machines propres au nétoyage des grains; il y auroit un Meûnier instruit, pour leur apprendre par pratique tous les détails de l'art; il y auroit, non des Boulangers-Chymistes, mais des Professeurs tirés du Corps même des Boulangers, instruits non-seulement dans l'art de faire les différentes sortes de pain que le luxe & la délicatesse ont fait inventer, mais encore assez éclairés sur la spéculation pratique du commerce & de la conservation des grains & farines, pour en donner des leçons aux Élèves, &c. &c.

C'est alors qu'on auroit vû fleurir cette institution véritablement patriotique, à l'exemple de l'École Vétérinaire, qui porte de si beaux fruits sous les yeux de ses Protecteurs, & par les soins des Professeurs éclairés qui la dirigent. C'est d'après ce plan & ces principes que j'avois développés au Rédacteur du *Traité des grains & de la mouture par économie*, qu'il a proposé ces sortes d'Écoles en divers endroits de ses écrits, où MM. Parmentier, Cadet & Brocq ont bien su démêler ce projet pour se l'approprier; & qu'importe, après tout, par qui le bien s'opère, pourvû qu'il se fasse?

Je finirai cette note en observant que si l'on vouloit absolument que cette École fût dans le centre de Paris, pour la commodre

dre & de méthode qu'ils n'ont fait, tout ce que M. Béguillet a dit sur *l'origine, l'histoire, les progrès & les avantages de la Meûnerie & de la Boulangerie*, dans la seconde Partie du *Discours* envoyé à l'Académie de Lyon, en 1768, & imprimé l'année suivante; il se trouve aussi à la tête du *Traité des Grains*. On n'a qu'à recourir à ce que dit l'Auteur dans les trois Parties de ce Discours, & l'on verra que nos Professeurs n'ont pas eu grande peine à se préparer pour l'ouverture de leur Ecole; mais qu'ils en devoient du moins hommage à celui qui leur a fourni les matériaux dont ils ont tiré un si mauvais parti.

J'abandonne donc, ainsi que mon Compère, toute érudition à ces Messieurs, parce que cela n'est pas plus du ressort d'un Meûnier que d'un Mitron, & je ne dirai rien de l'*Histoire des Arts*, qui sont l'objet du

---

dité des Professeurs Parmentier & Cadet; il falloit du moins, pour l'intérêt de cette même Ecole, sa durée & sa stabilité, en donner l'inspection au Corps des Boulangers, c'est-à-dire, aux Syndics & Maîtres Gardes qui auroient pû y établir leur Bureau. L'admission des Elèves, le changement des Garçons Boulangers, &c. &c. auroient pû rapporter très-gros à cette Ecole, & lui auroient procuré les moyens de se soutenir sans être à charge ni à l'Etat ni à la Police de la Capitale; ce ne seroit plus une Ecole ambulante que des Chymistes traînent par-tout à leur suite. On auroit même pû exciter l'émulation des Professeurs-Boulangers en leur accordant quelques droits honorifiques, ou la diminution de leur Capitation, pendant qu'ils seroient en exercice, sans toutefois en charger le corps.

Discours de M. Parmentier. Je me contente d'observer que je *suis, comme lui, bien éloigné de vouloir en placer l'existence sur le sommet des temps* (pag. 6, lig. 13 & 14); car je ne sais pas plus où est le *sommet des tems*, que le sommet du Caucase, où l'on dit que *Prométhée* (V. pag. 66.) eut bien des chagrins pour avoir dérobé le feu du Ciel, dont il a fait présent à des hommes grossiers & ignorans qui en ont si fort abusé, & pour leur avoir enseigné la Chimie, & l'art de cuire leurs galettes dans des fours.

Mon Compère veut cependant donner une très-courte analyse du *Discours* de M. Parmentier, afin d'éviter la peine d'y recourir aux personnes curieuses de connoître cette Pièce d'éloquence, d'après les éloges du Journal de Paris. L'Auteur prenant l'homme au *sortir des mains de la nature*, c'est-à-dire du ventre de sa mère, il parle, pag. 8, du *régime lacté*, qu'il dit n'être pas aussi substantiel que le *régime farineux*. Delà, il vole aux bords du Gange, où les habitans ne vivent que du riz, du lait & de ses produits. Son vaisseau volant en forme de Pégase, le ramène des bords du Gange au *Groenland*, où il a trouvé que la vie des habitans qui ne mangent que du poisson est toute différente de celle des Indiens. « La raison que donne M. Parmentier de » *cette diversité de goûts, vient de ce que l'homme*, p. 10. » *a l'avantage de pouvoir exercer son domaine par-tout*, » même sur les animaux, en forçant les carnivores » comme les herbivores à se nourrir de nos alimens, » témoin ce *Cerf des Invalides*, qui buvoit le vin » répandu dans des *coffres*, &c. pag. 11.

» Les *parties de la fructification*, dit savemment » l'Auteur, pag. 12, ont été les premiers alimens. » On a d'abord mangé les grains sans apprêt; mais » l'existence du feu une fois connue, on imagina de » faire cuire le grain dans l'eau, ce qui est encore » l'aliment journalier des *Kalmoucks*. Ensuite on » imaginade les passer au feu avant de les cuire; & » les Romains établirent des *fournaises publiques* pour » cette torréfaction qu'ils déifièrent sous le nom de » la *Déesse Fournaise*, &c. Qui auroit cru, Messieurs, » s'écrie le Discoureur, pag. 15, que cette ancienne » préparation des grains torréfiés, remplaceroit dans » les siècles suivans le café, boisson de luxe inconnue » aux anciens? &c. Du détail des Fêtes de la *Déesse* » *Fournaise*, il prend occasion de parler de celles de » Cérès & de Bacchus; ensuite s'élevant contre sa » promesse au *sommet des tems*, il entreprend, pag. 18, » une très-longue description de l'*âge d'or*; temps » fortunés, où *c'étoit une rencontre heureuse pour* » *l'homme, que des racines fraîches de chiendent & de* » *bruyère*; où lorsqu'il rencontroit des glands & des » farines, il signaloit sa joie par des chants d'allégresse » & des danses autour des hêtres, &c. Mais ce *genre* » *de vie douce & tranquille* ne dura pas long-temps: » comme tout concouroit à peupler, parce que *tout* » *vivoit heureux*, l'accroissement de population rendit » les moyens de subsister insuffisans, & força les » hommes à se nourrir de la chair de leurs semblables; » c'est depuis ce temps qu'il existe des *Antropophages*,

» dans l'un & l'autre continent, &c. V. pag. 19, 20 » & 21 (1). »

Après cette excursion sur l'Histoire *Ancienne*, M. Parmentier revient à son sujet par une *conjecture* qui avoit échappé au Docteur Mathanasius, à Scriblrius, & à tous les Erudits. *On doit présumer dit-il*, p. 23, *avec quelque vraisemblance, que le broyement des dents a fait songer aux mortiers, & que la réunion du corps farineux en petite masse par le mélange de la salive est devenu le modèle de la pâte.* Cette plaisante origine de la Meûnerie & de la Boulangerie par la mastication, prouve que souvent les plus petites causes, & les effets les plus communs, donnent naissance aux découvertes les plus sublimes. On inventa les métaux pour avoir des pilons & des mortiers; l'art des pilonniers, perfectionné par l'illustre famille des *Pisons*, qui en prit son nom (2), fut

---

(1) Tout ce qu'on vient de lire, & qui est orné de guillemets, n'est qu'une courte analyse, mais extraite mot pour mot de l'original, auxquels nous renvoyons les Curieux.

(2) Ici, toute l'érudition puisée dans le *Discours* envoyé à l'Académie de Lyon, en 1768, & mis à la tête du *Traité des Grains*, p. 32 & suivantes de l'édit. *in*-4°. se trouve concentrée dans le *petit Discours imitatif de M. Parmentier*, comme dans un foyer, d'où il fait jaillir des faisceaux de lumière qui devoient éblouir ses Auditeurs. Mais le Discours du premier Auteur, qui forme un volume de 300 pages *in*-4°. étoit susceptible de ces détails curieux; d'ailleurs, il étoit adressé à une Académie savante, qui en avoit fait le sujet d'un Prix particulier; tandis que celui de M. Parmentier ne devoit avoir en vûe qu'un Auditoire de Meû-

en grande recommandation à Rome, jufqu'à la découverte de *Miléta*, fils de *Lélex*, Roi de Lacédémone, qui inventa les meules bien long-temps avant la fondation de Rome, puifque l'Auteur affure, p. 25, que cette *découverte précieufe eft du quinze fiécle avant l'ère Chrétienne*; quoiqu'il foupçonne que les Ifraélites s'en font fervis pour écrâfer la manne dans le Défert, d'où cet ufage paffa en Amérique. Les Romains, Peuple reconnoiffant s'il en fut jamais, rendirent aux *moulins à bras* un culte Religieux, fous le nom de la *Déeffe Mola*, & de fes fœurs filles du Dieu Mars; ils inftituèrent des fêtes de Meûnerie en l'honneur de la Déeffe. L'invention des meules & des moulins à bras conduifit bientôt à celle des *moulins à eau*, dont M. Parmentier, par une inattention de copifte, attribue la découverte à Vitruve, parce que cet Architecte en a donné une courte defcription. Autant vaut, dit le Compère, lui attribuer la découverte du timpanon, parce qu'il donne le nom de *Tympanum* aux moulins à eau, &c.

Cette favante Hiftoire de l'art de broyer les grains, d'abord par les dents, enfuite par les pilons, & enfin

---

niers, de Boulangers, & de jeunes élèves à former dans ces profeffions. Au refte, en comparant ces Difcours, on verra fi celui imprimé en 1769, ne joint pas au mérite de la priorité, celui d'une érudition choifie & tellement diftribuée, qu'elle fe fait lire avec plaifir; au lieu qu'il vaudroit mieux être condamné à tourner la meule comme *Samfon* & *Septiminie*, p. 27. que de lire le très-petit Difcours de M. Parmentier.

par les meules, amène très-naturellement l'hiſtoire des *Tameliers*, qui tamiſoient la farine; & celle des *Boulangers*, qui la pêtriſſoient pour en faire du pain. L'Auteur, auſſi bon Boulanger que bon Meûnier, l'un comme l'autre, ne ſait auquel de ces arts attribuer la prééminence & l'ancienneté. Il dit au bas de la page 30, que *l'art de moudre & de bluter la farine avoit déjà fait des progrès, que l'on ne connoiſſoit pas encore le Boulanger*; & à la page 31, il aſſure que *la Meûnerie n'eſt que la prémiere opération de la Boulangerie.* « Ces deux arts, dit-il, n'en de- » vroient former qu'un ſeul, inſpecté & dirigé par » le même homme, afin d'éviter les abus & les » ſuites de l'ignorance du Boulanger dans la Meû- » nerie. » Il eſt évident, en effet, que ſi le Boulanger étoit en même-temps Meûnier & ſavoit moudre lui-même ſon grain, il ne pourroit plus ſe plaindre qu'on le vole au moulin, à moins que ce ne fût la main gauche qui volât la main droite; ce qui arrive plus ſouvent qu'on ne le croit, & le public n'y gagneroit pas beaucoup. L'Auteur aſſure cependant que « cela » ſe pratiquoit ainſi chez les Romains, où les 300 » Boulangers, diſtribués dans les quatorze quartiers » de Rome, avoient chacun leur moulin (1); qu'on

(1) L'Auteur ne dit point ſi ces 300 *moulins*, appartenans aux 300 Boulangers, étoient *à eau ou à bras;* dans le premier cas, 300 moulins à eau diſtribués dans les quatorze quartiers de Rome, nous donneroient une idée de la grandeur de cette Capitale du

» y cuisoit le pain de ceux qui venoient y moudre; » & que ces endroits publics où les femmes s'assembloient se nommoient *Boulangeries Babillardes*, » comme on appelle encore aujourd'hui les fontaines » des campagnes, *le Secret du Village.* »

Je saute la différence des galettes dont les Romains se régaloient, & des bouillies dont ils faisoient leurs délices, pag. 32, 33, 34, pour venir à cette époque fameuse en Boulangerie, où l'homme découvrit le SECRET IMPORTANT des *Levains de Pâte.* « Quelque » accoutumé que l'on fût déjà aux PRODIGES DE TOUS » LES GENRES, dit M. Parmentier, page 35, la » fermentation du pain dût causer bien de la *sur-* » *prise*, lorsqu'on vit le mêlange d'une pâte ancienne » avec une pâte nouvelle, prendre peu de temps » après de *la mobilité*, *& une espèce de vie*, *s'affi-* » *ner*, *se tuméfier*, se remplir intérieurement d'un » *fluide élastique*, qui, *sollicitant* sa sortie, forme » une quantité innombrable de *vésicules*, dans les- » quelles il se trouve emprisonné. Lorsqu'on *vit le* » *mêlange* augmenter encore au feu de *volume*, de » *ressort*, & présenter après la cuisson une *substance*

---

monde. A l'égard du nom de *Boulangeries babillardes*, qu'on donnoit à ces moulins, à cause des femmes qui venoient y moudre, pétrir & cuire, nous ignorons où M. Parmentier a puisé ce trait d'érudition légère dont il régale son Auditoire. Il est accoutumé à ne pas citer souvent, afin d'être cité lui-même par la suite comme original.

» légère, ſavoureuſe, *œilletée*, à la place d'une maſſe » viſqueuſe, compacte & inſipide. »

Je priai mon Compère de paſſer tout ce pompeux galimatias, qui ne veut dire autre choſe, ſinon que le levain fait renfler la pâte, & que le four arrête la fermentation en faiſant évaporer l'eau. Mais le Bonhomme, ancien Mitron de Goneſſe, & par-là fort accoutumé à voir ce PRODIGE *ſans ſurpriſe*, a cependant été enchanté de voir comme l'éloquence embellit les choſes les plus communes; d'ailleurs, il aime aſſez naturellement ces ſortes de diſcours parſemés de brillans & de *verroterie*, qu'il compare fort plaiſamment à ces *miroirs d'allouette*, que font tourner dans les matinées d'Automne ceux qui veulent prendre des grives, lorſqu'ils ſe ſont levés trop tard pour dénicher des merles.

Le prodige de la Pâte fermentée amène l'*éloge du Pain*, *qui*, ſelon M. Parmentier, pag. 37, *n'a pu ſe dérober aux trais de la calomnie*; ce qui donne lieu à une réflexion très-philoſophique de l'Auteur, l'*ingratitude, ce vice ſi commun, n'épargne pas même les alimens & les boiſſons* (1). Mon Compère fait grâce au

---

(1) Ce trait malin & délicat de l'Auteur, porte ſans doute ſur le célèbre Linguet, qui vouloit nous faire paſſer le goût du pain en le décriant comme un poiſon, tandis que c'eſt ce même pain qui donne tant d'eſprit à M. Linguet & à tous les Docteurs; en effet, ſans les moulins il n'y auroit ni Univerſités, ni Académies, ni Opéras, ni Comédies.

Lecteur des détails de l'éloge du Pain, & il omet à dessein toute l'*antiquaille* que M. Parmentier a extraite de M. Malouin sur le *levain* & la *levure*, sur la cuisson, d'abord dans les cendres, ensuite entre deux feuilles de taule ou *fours de Campagne*, après dans des fours portatifs, des fours à demeure, &c. jusqu'à ce que le *pétrissage*

Il est vrai qu'on reproche au pain de causer des indigestions terribles, suivant un vieux proverbe de l'Ecole de Salerne, *omnis repletio mala, panis autem pessima.* M. Parmentier, qui sait le Russe & l'Arabe, prétend que c'est une faute du Traducteur d'Avicenne, & qu'il faut lire, *omnis in appetenta mala panis autem pessima.* Comme je n'entends pas mieux le Latin que mes garçons Meûniers, j'en ai demandé l'explication à mon *Compère*, qui m'a répondu qu'il falloit la demander à M. Parmentier lui-même ; sans quoi il seroit impossible de traduire en François sa traduction Latine d'Avicenne. Ce n'est peut-être encore qu'une faute de Copiste, mais qui n'est point dans l'*errata.*

Au surplus, mon *brave Compère* prie M. Parmentier de lui pardonner cette petite malice, parce qu'on peut être homme de bien & ne pas entendre l'*Arabe d'Avicenne*, qui est sans doute un Arabe aussi corrompu que le Latin de ce passage, même après la correction de M. Parmentier. Il connoît sa *Réponse à M. Sage*, dans laquelle M. Parmentier annonce toute *l'irascibilité d'un Théologien*; mais mon Compère dit que dans un Pays policé, il est permis de dire à un Auteur qu'il se trompe, sans courir aucun risque de l'honneur ni de la vie; & comme ce Compère est Bonhomme, sans fiel, sans rancune, il ajoute qu'il veut boire chopine avec M. Parmentier, lorsqu'il passera sur le *Quai de l'Ecole*, pour vérifier le trait d'Avicenne. Ce Docteur Arabe dit quelque part, (peut-être même dans le passage contesté), *qu'il n'est tel que le goût de pain & l'envie de rire.*

soumis à des loix exactes & précises, pag. 44, distribuât d'une manière plus uniforme l'eau & l'air dans la pâte.... jusqu'à ce que l'*OVOIDE sût reconnu comme la forme la plus commode du four*, &c. &c.

Nous pensions qu'après cette course vagabonde, l'Orateur, aussi fatigué que l'Auditoire, toucheroit enfin le but, & le sujet d'un discours destiné à instruire les Boulangers; mais il revient sur ses pas à la page 45, pour rechercher l'*origine de la mouture économique*, dont il voudroit pouvoir découvrir l'*inventeur, afin de lui poser la couronne civique sur la tête*, en attendant la statue que M. Cadet de Vaux doit lui ériger à côté *de Louis XII*; sans doute à cause de l'économie parcimonieuse dont étoit taxé ce bon Roi. M. Parmentier remonte ensuite sur son Pégase, avec lequel il bondit par monts & par vaux, franchit les temps, les lieux, les espaces. Il nous apprend, p. 47, que *Sara* pétrit trois mesures de farine pour les Anges qui vinrent lui annoncer une tardive fécondité; que, selon Hérodote, une Reine de Macédoine apprêtoit journellement elle-même le pain de son mari; enfin, Messieurs, dit-il, p. 48, *combien de femmes aimables, qui, à l'exemple des Dames Romaines, n'ignoroient pas la préparation du pain!* L'Auteur a voulu sans doute réparer par cette petite galanterie, l'impolitesse de l'anecdote citée plus haut sur les 300 *Boulangeries babillardes* de Rome.

Il reprend à la page suivante toutes les *révolutions* de l'art de la Boulangerie chez tous les peuples anciens & modernes. Heureusement que c'est l'affaire de deux petites pages, des pages 49 & 50, où il est dit « que si *le bled est né en Tartarie, les pays chauds sont* » *la patrie du pain levé*, puisque pendant l'été la pâte » fermente d'une vîtesse incroyable, &c. L'Egypte fut » donc le *berceau de la Boulangerie*, on l'y cultiva avec » succès ; de-là, elle passa chez les Grecs & les Ro- » mains, & dans toute l'Europe. *Il y a eu des Boulan-* » *gers en France dès le commencement de la monar-* » *chie* (1), connus sous le nom de *Pestores*, de » *Pannetiers*, de *Tameliers*. Leur Communauté est » une des plus anciennes de celles établies en Corps » de Jurande, dont le grand Pannetier de France étoit » le Chef & le Protecteur ; mais la Jurisdiction ayant » été supprimée le siècle dernier, les Boulangers ont » perdu tous leurs *priviléges*. »

Ce dernier mot sert de *transition* à l'histoire des prérogatives, honneurs & distinctions dont les Boulangers ont joui chez tous les peuples, à l'exclusion des Meûniers, (car c'étoit un supplice d'être condamné à tourner la meule ou de l'avoir au col.) L'Auteur se jetant à travers les champs spacieux d'une érudition aride & inculte, parcourt en deux ou trois pages l'His-

---

(1) Il semble que ce soit le *commencement du monde*, dit mon Compère ; mais il y avoit déjà deux mille ans que nos bons Gaulois mangeoient du pain lorsqu'une poignée de Francs, qui ne connoissoient pas le pain, vint s'établir parmi eux, & fonder une nouvelle Monarchie au commencement du sixième siècle, l'an 500 de notre Ère.

toire Ancienne & Moderne, pour voir ce qu'on a fait des Boulangers dans tous les temps.

On y lit que « les Grecs protégèrent singulièrement » les Boulangers, *puisqu'on vantoit le bon pain d'Athènes*; que les Romains traitèrent l'art de ces hommes » utiles *comme une de leurs plus belles conquêtes*, & » firent venir exprès de la Grèce des Boulangers, avec » la promesse solemnelle de les fixer par la considé- » tion & les récompenses; qu'ils réalisèrent ces pro- » messes *en faisant parvenir* les Boulangers à toutes les » dignités de la République; qu'ils fondèrent un Col- » lège de Boulangers, avec des sommes considérables » pour *assurer son éclat & sa solidité*; qu'il y eut même » des Réglemens qui défendoient aux *Boulangers de* » *se mésallier*, & de permettre à leurs enfans d'em- » brasser d'autre état... Que les Ecrivains les plus » *célèbres* nous ont transmis le nom de plusieurs » Boulangers de *réputation qui illustrèrent leur art*; & » que l'on voit encore à Aix, & dans quelques-unes » des villes qui avoisinent l'Italie, des *MONUMENS éle-* » *vés à la gloire des Boulangers*, &c. p. 52. » Il est vrai, dit le Compère, que l'Auteur ne dit pas si ce sont des inscriptions ou des arcs de triomphes élevés en l'honneur des Mitrons de l'antiquité.

Ceci conduit l'Auteur à nous faire un reproche grave de ce que *rarement nous prenons la peine de songer aux Boulangers*, si ce n'est pour acheter du pain; que malgré l'état d'*engourdissement* où un vulgaire ingrat & *frivole* tient les Boulangers qui le nourrissent, il s'eſt trouvé parmi eux des hommes aſſez généreux pour braver notre injuſtice, & pour faire le ſacrifice de leur intérêt privé à l'intérêt public. Vient enſuite l'éloge de toute la *Communauté des Maîtres Boulangers de Paris*, qui ſollicite par amour du bien public, la permiſſion de vendre au poids, & d'avoir des poids juſtes. Le tout eſt terminé par l'éloge de M. *Malouin*, Hiſtorien des Boulangers, dans les Ouvrages duquel l'Orateur avoue humblement *s'être pénétré de toutes les parties de la Boulangerie.*

Telle eſt cette pièce d'éloquence, qui n'eſt certainement pas une *pièce ſans couture*; car on n'a jamais vû réunir dans 58 petites pages *in*-12 d'impreſſion, tant d'idées incohérentes & diſparates, tant de paſſages ampoulés, amenés de ſi loin & enchâſſés comme par force; tant de mots ſonores qui ne diſent rien; tant de phraſes de toutes couleurs, couſues, découſues, recouſues, qui forment le vêtement groteſque d'Arlequin. Nous plaignons ſincèrement la Nation, mon Compère & moi, d'avoir à produire une pareille pièce, dès l'ouverture d'une Ecole, qui pourroit être utile & avantageuſe à l'Etat, ſi elle étoit dirigée au véritable but de former des Elèves pour des profeſſions utiles.

Je vais paſſer à l'examen du ſecond Diſcours imprimé, & prononcé le même jour par M. Cadet de Vaux, Membre du Collége de Pharmacie, Meûnerie, Boulangerie, &c. Pour celui-ci, mon Compère me l'abandonne, parce qu'il s'y agit moins de ſcience & d'érudition, que de réclamer mes droits à la choſe, & de relever les erreurs dangereuſes d'un Écrivain qui débite mes préceptes ſans les entendre.

§. II.

Le deſir d'encenſer ſon co-adjuteur, pour être payé de retour, ſuivant l'ancien proverbe uſité en pays de Mirebalais, *un Docteur chatouille l'autre*, a ſans doute déterminé M. Cadet de Vaux à reprendre ce que ſon confrère venoit de dire, dans la vue d'amener un éloge *unique*, & remarquable par cela même qu'il eſt unique dans la république littéraire. M. Cadet débute donc par expliquer ce que M. Parmentier a voulu dire du *régime lacté*; & comme l'analyſe des matières qu'on traite dans l'école eſt du reſſort particulier de ce Pharmacien, il donne *l'analyſe chimique du lait*, « qui, dit-il, p. 60, ne participe en rien de l'animal » qui le produit; ce n'eſt autre choſe que l'expreſſion » qui ſe fait dans les *vaiſſeaux* (1) *lactés* du ſuc des » végétaux, dont la femelle ſe nourrit, & dont les » Tartares font une eau-de-vie délicieuſe. »

De-là, l'Orateur en ſecond ſe jette ſur le tableau

---

(1) Mon Compère dit que les *Vaiſſeaux lactés* ne ſont que *déférens* & non pas *exprimans*; que le lait participe bien de l'animal qui le produit, puiſqu'il diffère, quant aux qualités & aux propriétés, dans chaque eſpèce de femelles d'animaux, quoiqu'elles ſe nourriſſent des mêmes végétaux, &c.

M. Cadet ajoute au même endroit « que M. Parmentier ayant » prouvé que la claſſe des végétaux farineux étoit la plus alides progrès rapides de tous les arts de luxe, comparés à la *lenteur* des arts de premiere nécessité. « L'art » de la porcelaine, par exemple, depuis 30 ans qu'il est » connu en France, a fait plus de progrès que l'art » de faire le pain, le vin, la bierre n'en ont fait » depuis 3000 ans, (admirez la progression de 30 » à 3000; il n'y a cependant que deux 00 de diffé» rence!) Une cause du peu de progrès de ces der» niers, c'est l'éloignement de ceux qui les exercent, » pour les hommes qui cultivent les Sciences propres » à les éclairer dans leur profession. Aussi ne doit-on » pas être étonné de ces demandes, au moins indif-

---

» mentaire, parce qu'elle *contient le plus d'amidon*, c'est aussi » celle qui doit produire le plus de lait; même que la *laitue* & » les plantes potagères, qui ne sont qu'un accessoire pour jeter » de la variété dans les alimens, & pour *lester l'estomach*, » *&c.* »

On pourroit répondre que les *Granivores*, comme les Oiseaux qui ne mangent que des farineux, n'ont point de lait; mais M. Cadet nous diroit que c'est qu'ils n'ont point de mamelles. Mais les *animaux mamelés*, comme la vache, la chèvre, la brebis, qui ne broutent que la sommité de l'herbe, & qui ne mangent presque jamais de farineux, sont précisément ceux qui fournissent le meilleur laitage, & en plus grande abondance, &c.

Au reste, comme nous ne sommes pas Chimistes, mon Compère ni moi, nous ne nous amuserons pas à passer au creuset ni à l'alembic, toutes les propositions chimiques, erronnées ou extraordinaires de ces Messieurs; nous nous garderons de porter la faulx dans *leur pré*, pour ne pas leur faire tort d'un brin d'herbe.

» crettes. *A quoi donc ſervira une Ecole de Boulan-*
» *gerie? Pourquoi le profeſſorat en eſt-il confié à des*
» *Chimiſtes? &c.* Il ſuffiroit, pour y répondre, DE
» NOMMER M. PARMENTIER, qui a porté cet art
» peut-être juſqu'à la perfection. *Car enfin*, dit-il
» encore p. 63, *tout art a ſes bornes*, *& j'oſerois*
» *preſque dire que M. Parmentier a poſé celles de la*
» *Boulangerie.*»

J'avois envie de me fâcher, & de demander ſérieuſement à M. Cadet quelles étoient donc les prétendues découvertes de M. Parmentier? s'il avoit indiqué en Meûnerie & en Boulangerie, un ſeul procédé nouveau, qui n'eût pas été dit & redit cent fois avant lui & mieux que lui? Mais le bonhomme de Compère, qui aime à rire, m'a obſervé que ce n'étoit qu'un *compliment de convention*; parce que M. Parmentier doit aſſurer à ſon tour que M. Cadet a auſſi poſé les bornes dans un art bien différent de la Boulangerie, art dont il a encore l'inſpection, l'examen & le profeſſorat; enſorte que ce n'eſt qu'un coup de chapeau payé d'avance par une révérence.

Quoi qu'il en ſoit, M. Cadet voulant prouver cette aſſertion modeſte, prétend que nous devons ce miracle à la Science profonde de ſon Confrère dans la Chimie. Il en prend occaſion de louer la *Chimie*, comme la mère des Sciences & des Arts, qu'elle a tous engendrés; ſemblable en cela à l'*Œuf philoſophique*, qui contient le germe & les principes de toutes choſes. Il fait en conſéquence une hypothèſe merveilleuſe,

leuſe, dans laquelle il ſuppoſe une *Colonie d'Aſtronomes, de Géomètres, de Géographes, & de Savans de tout genre*, qui s'embarquent au port de l'Orient, & qui ſont jetés dans une iſle déſerte, où cette Académie entière mourroit de faim & de miſère avec toute ſa ſcience; ſi un Chimiſte, tel que M. Parmentier, ſans doute, ne ſe trouvoit avec elle, p. 64. » Ce » Chimiſte, *Potier de terre*, conſtruira des vaiſſeaux » propres à diſtiller l'eau de la mer, & mettra d'abord » nos *pauvres Savans* à l'abri de la ſoif, le plus horrible » des fléaux. » Ces Meſſieurs ſont bien fachés d'être forcés malgré eux de rendre hommage de cette utile découverte à un habile Médecin qui n'eſt peut-être pas de leur cotterie; s'ils avoient eu un pareil bonheur de pouvoir rendre l'eau de la mer potable, les Journaux en auroient retenti pendant dix ans.

« Si notre Chimiſte trouve la POMME DE TERRE, » *il la métamorphoſera en pain;* DÉCOUVERTE que » la Capitale a pu voir avec *indifférence* (1) mais qui

---

(1) Sans doute l'Orateur Cadet a ici en vûe le *Jugement ſério-comi-critique d'un Manant*, qui étoit en effet celui de tous les gens ſenſés de la Capitale, d'après lequel on a penſé que cette prétendue découverte, renouvelée, non pas des Grecs, mais de tous les Peuples *Patatiphages*, ne vaudroit jamais d'autre *Apothéoſe* à ſon Auteur, que celle donnée par Sénèque à l'Empereur *Claude*.

Ce dernier trait d'érudition eſt de mon Compère, qui en veut fourrer par-tout; d'ailleurs, il ſe trompe s'il veut diſputer à M. Parmentier la découverte du *pain de pomme de terre pur* qui lui

» *déifieroit son auteur* en pareil cas. Au défaut de la
» pomme de terre, il prendra la *racine d'Arum*, de

---

appartient en partie. On avoit bien avant M. Parmentier, l'art d'extraire de ce bulbe une *farine très-blanche*, par des manipulations & des lotions répétées qui la rendoient fort chère, comme on peut le voir dans le dernier Chapitre du *Traité des grains*, édition *in*-4°. tome 2, p. 596, où l'on cite les procédés anciens de toute l'Allemagne, pour extraire cette farine. Mais comme on n'en retire pas trois onces de fine farine sur une livre de seize onces de pommes de terre, & encore avec beaucoup de peine & par des procédés longs & coûteux, personne avant M. Parmentier n'avoit imaginé d'en faire un *pain commun*, qui reviendroit à dix à douze sols la livre, & qui ne vaudroit pas, à beaucoup près, le pain économique de pommes de terre, qu'on avoit toujours fait en mêlant ce bulbe entier & cuit avec la farine de froment.

M. Cadet se trompe aussi de son côté, quand il dit que la Capitale a vû avec indifférence la découverte de M. Parmentier; au contraire, on a beaucoup ri. Il est vrai qu'on ne l'a pas *déifié* comme le desiroit M. Cadet; car le Jugement du Bailli est conçu en ces termes : « Maintenons ledit *Parmentier* dans le droit » de pouvoir dire qu'il est l'inventeur du *premier pain de pommes* » *de terre pur*, qui soit bon & mangeable; & cependant lui dé» fendons, ainsi qu'au susdit Cadet, & à tous autres *Patatimanes*, » de prétendre à la gloire d'en faire jamais d'aussi parfait que » celui de froment, ni même d'en approcher; plaçons cette dé» couverte bien au-dessous de la *mouture par économie*.... & pour » réparer le *scandale* donné par l'excès de la prétention des » adhérens dudit *Parmentier & Consorts*, sur l'importance de la » susdite découverte, condamnons lesdits adhérens à se rétracter » publiquement, ou à ne manger pendant un mois d'autre pain

» *Brione*, du *Marron d'Inde*, dont le Chimiste fera » un pain blanc, léger, salubre & nourrissant, pag. » 64. » J'ai demandé, & je ne suis pas le seul, ce que M. Cadet-de-Vaux entendoit par la *racine d'Arum* : on m'a répondu que c'étoit *le pied de veau*, & j'en suis fort aise ; car je serois fort curieux de voir faire de bon pain avec des *pieds de veau*. Quoi qu'il en soit, l'Auteur qui déifie son collégue, défie en même-temps le plus habile Boulanger de Paris, de faire d'excellent pain avec de *pareils poisons*, dont il seroit, dit-il, la première victime. Ce sont ses propres termes, p. 65, & il ajoute en note, que jamais les Boulangers n'auroient imaginé la *métamorphose* de la pomme de terre en pain, eux qui en nient la possibilité, malgré la publicité des expériences qui la constatent. Ils auroient encore moins imaginé la *conversion du Marron d'Inde* en pain blanc, léger, salubre & nourrissant ; découverte qui leur fera regretter la belle allée du Palais Royal, & que *Sara Goudar* a oublié de rapeler dans ses complaintes.

L'Orateur continue à faire voir qu'un Chimiste suffiroit seul à tous les besoins de la Colonie.

» que celui fait avec la seconde farine des susdites Patates : & » dans le cas où il leur peseroit sur l'estomach, permis à eux » de cultiver leurs champs de pommes de terre, s'ils en ont, ou » de râper leurs bulbes, afin d'éviter une digestion labo- » rieuse, &c. &c. »

» S'agira-t-il de bâtir des habitations à notre Colonie » savante? la calcination de la pierre à plâtre, celle » de la chaux, la cuisson de la brique, tout cela est » du ressort de notre Chimiste. La première étincelle » de feu, ce sera notre Chimiste qui, nouveau » Prométhée, l'obtiendra; (1) l'évaporation du sel pour » la conservation des viandes de la Colonie; l'art de » purifier ses laines, de tanner ses cuirs, de tirer » le fer des entrailles de la terre; la fermentation » propre à obtenir des liqueurs spiritueuses & acides; » tout enfin va sortir du *sein* de la Chimie : (c'est-» à-dire, du cerveau de notre Chimiste), *& les* » *Arts*, continue modestement M. Cadet, *plus hâ-* » *tifs dans notre Colonie qu'ils ne le sont dans le* » *sein même de cette Capitale*, où les préjugés de » l'Artiste étouffent leurs progrès, les Arts, dis-je, » n'attendront pas la longue succession des siècles » pour parvenir à leur *perfection.* »

On voit par ce dernier mot, que tout le commencement du discours de M. Cadet n'avoit pour but que d'amener *l'Apothéose* de M. Parmentier, qui a

---

(1) A ce compte, tous ceux qui savent battre le briquet sont autant de *Prométhées*. Il semble que ces Messieurs, qui se mettent à la tête d'une *Colonie de Savans*, ou plutôt de badauts ineptes, tels qu'ils les supposent dans leur brillante hypothèse, ont sans doute pris chez eux une toise particulière pour mesurer la taille & le génie de leurs Compagnons de voyage, qui n'ont jamais passé les barrières que pour faire le *Voyage de S. Cloud* par terre & par mer.

porté l'art à sa *perfection*, p. 63, parce qu'il a fait un Livre intitulé le *Parfait Boulanger.* Puissamment raisonné dit le Compère ; mais puisque ces Messieurs résident à Paris, qui les empêcheroit donc de regarder la Capitale comme une *Colonie à défricher* ? Ils auroient bien plus de facilités, que dans une *Isle déserte*, pour porter les Arts & les Sciences à leur *perfection* ; puisque la besogne se trouve avancée aux trois quarts dans l'Encyclopédie Méthodique qu'on va publier. Mais M. Cadet s'excuse sur les préjugés des Artistes, qui n'ajoutent aucune foi aux promesses de M. Parmentier ; & sur l'opiniâtreté de certains Boulangers, qui ne veulent pas croire la métamorphose du marron d'Inde en excellent pain. Aussi, dans tout le cours de sa belle *Oraison*, traite-t il les Boulangers comme un Régent fait ses Écoliers.

» La *premiere mouture*, dit M. Cadet, p. 66, » *inventée dans notre Colonie*, sera la *mouture écono-* » *mique.* Ceci me ramène à mon sujet, & c'est pour » répondre à la première objection : *à quoi donc ser-* » *vira une École de Boulangerie* » ? Il prouve ensuite qu'on ne sauroit être *bon Boulanger*, sans être en même-temps *bon Laboureur* pour avoir de beau bled, & *bon Meûnier* pour le savoir bien moudre ; & qu'ainsi ce ne peut être que dans *l'École* où régentent ces Messieurs, que les Boulangers de Paris pourront apprendre le *Labourage* & la *Meûnerie*, parties essentielles de leur Art. Ceux qui refuseroient de me croire, n'ont qu'à lire les pages 66 & 67.

M. Cadet en prend occaſion de traiter les Laboureurs comme des automates, parce qu'ils ne ſont pas Chimiſtes.

« Jamais, dit-il, le Laboureur n'auroit imaginé » de chauler ſon bled avant de l'enſemencer, pour » détruire les œufs d'inſectes dépoſés dans le grain, & » qui attendent ſon développement pour s'en nourrir. » Le Laboureur n'auroit jamais vû ſans un Chimiſte, » que l'immerſion des grains dans une leſſive calcaire » ou alkaline, détruiſoit la nielle, *pouſſière destructible* des moiſſons, qui n'eſt qu'un vice de généra- » tion ſemblable à ceux que notre eſpèce, toute » privilégiée qu'elle eſt, apporte en naiſſant, & qui » ſont incurables, tandis que les bleds peuvent en » guérir, p. 67. »

Ici le docte Apothicaire bat la campagne, comme partout ailleurs, où il veut parler de ce qu'il ignore, & de ce qu'il ne peut ſavoir. Les œufs d'inſectes dépoſés dans les ſemences, n'attendent point, comme il le ſoutient, le développement du germe pour s'en nourrir. Les vers, & non pas les œufs, rongent le grain avant qu'il ſoit en terre; il n'y reſte alors que la coque où le ſon, & le grain ne leve pas. Le chaulage ne ſauroit prévenir le mal, ni l'empêcher. Il n'y a d'autre remède que d'écumer le grain rongé qui ſurnage dans l'eau où l'on a plongé les ſemences, lorſqu'on n'a pas eu ſoin de conſerver ſes grains purs & hors d'atteinte des inſectes, par la manutention enſeignée au *Traité des grains*.

Quant à la *nielle*, que l'Auteur appelle *poussière destructible des moissons*, (ce qui ne convient qu'à la poussière contagieuse du charbon,) il la définit mal, & la compare mal-à-propos aux *vices de génération* qui attaquent notre espèce. La *nielle* ou *brûlure*, est une sorte de gangrène, une mortification qui attaque l'épi entier, dès l'instant même de la germination, qui le noircit & le consume avant même qu'il ne soit dehors du fourreau. Cette maladie vient (1) originairement du défaut de *maturité des grains*, lorsqu'ils étoient sur pied; le germe qui doit se reproduire étant imparfait, ne peut se développer; la gangrène l'attaque, & il noircit : il n'y a ni immersion, ni lessive alkaline ou calcaire, qui puissent rétablir ce vice radical; on ne peut y remédier que par le choix de semences parfaitement *mûres*, & garanties de toute humidité, de toute moisissure qui pourroit altérer le germe, & y occasionner la gangrène.

---

(1) La *nielle* ou *gangrène* de l'épi vient encore de la chaleur humide qui fait fermenter le germe du grain, entassé dans les meules ou moyes, & dans les granges. Le germe se moisit intérieurement, & la mortification ne s'annonce qu'après la germination. Ce n'est point une lessive, comme le dit M. Cadet, qui préviendra ce mal si commun, dont il ne connoît ni la cause, ni les symptômes, ni la cure. Le vrai remède est de ne pas entasser les grains fraîchement sciés, ou récoltés humides; mais de faire sécher ou battre séparément les gerbes réservées pour semences, & de tenir les grains à l'abri de toute humidité, de toute fermentation qui pourroit corrompre le germe.

Tout ce que dit l'Auteur sur les autres maladies du grain en herbe, n'est ni mieux pensé ni mieux réfléchi. Il prétend, p. 69, « que le *Rachitisme* affecte le bled » dans son enfance, change la hauteur de la plante, » la couleur verte de ses feuilles & de sa tige, défor- » me le grain, dont la farine laisse appercevoir au » microscope des *anguilles* dont *l'existence* a exercé » les plus habiles Physiciens. » L'Auteur confond les symptômes de la *rouille* des bleds, provenante d'un défaut de transpiration de la plante dans les saisons pluvieuses, avec les symptômes de la *carie*, pour en faire une maladie particulière, sous le nom de *Rachitisme*, qui est très différent de ce qu'il dit, comme il peut le voir dans le *Traité des grains*, & dans le *Discours* qui est à la tête (1). A l'égard des *anguilles* qui se trouvent non pas dans les grains rachitiques, mais dans les grains cariés, c'est-à-dire, remplis d'une matière blanche, putride, &c. c'est la *cause* & non pas l'*existence*

(1) M. Cadet a bien mal lu cet Ouvrage, où il a puisé tant de choses ; il se trompe également sur les causes, la définition & les remèdes du *rachitisme*, du *charbon* & de la *carie*, qu'il confond les uns avec les autres & avec la *nielle*, pour pouvoir les guérir tous avec la même lessive. Il brouille toutes les idées, & il y a plus d'erreurs entassées dans cette petite Brochure, où les Auteurs veulent tout dire, qu'il n'y en a dans de gros volumes *in-folio*. Il faudroit un Ouvrage spécial pour relever toutes ces erreurs ; ce sera bien assez de les indiquer dans le texte, & de renvoyer aux *sources* dont ces Messieurs ont troublé la limpidité.

de ce phénomène qui a exercé les Physiciens.

« Le *charbon* est, selon M. Cadet, un accident » d'un autre genre; l'épi entier se pourrit & se dessé» che; le grain donne en place de farine, une *pous-* » *sière noire*, fine, légère; il semble que le feu du » ciel soit tombé sur le champ qui en est atteint. » Ici l'Auteur confond bien évidemment le *charbon*, qu'il ne connoît pas, avec la *nielle* qu'il a décrite au haut de la page, & qu'il ne connoissoit pas mieux; celle-ci en effet, donne une *poussière* noire, fine, légère, comme si tout l'épi avoit été brûlé. « Enfin, dit l'Orateur, la *troisième & la* » *plus redoutable* des maladies du bled (1), » c'est la *carie*; le grain qui en est affecté, n'offre

(1) On ne sait pourquoi M. Cadet nomme la *carie* pour la *troisième* maladie du bled, puisque de bon compte il en a déjà nommé quatre ou cinq; savoir, 1°. les grains *remplis d'œufs*, qui attendent leur germination pour les dévorer; 2°. la *nielle*; 3°. le *rachitisme*; 4°. le *charbon*; 5°. la *carie*; ce n'est au reste qu'un mécompte. Mais il est bien d'autres maladies des grains que l'Auteur passe sous silence, sans doute parce qu'il ne les connoît pas, & qu'il n'a pas lu le fameux Traité du Comte *Ginani*. Il ne devoit pas du moins oublier cette *monstruosité vénéneuse*, qui allonge les grains, les raccornit, & qui a tant fait de bruit sous le nom d'*ergot*, à cause de sa ressemblance avec l'ergot d'un coq. Il devoit d'autant moins l'oublier, que M. Parmentier, Chef de la Colonie future des Savans abandonnés dans une Isle déserte, a regardé ce poison végétal, dont l'usage dangereux occasionne la gangrène sèche, comme un farineux propre à augmenter la quan-

» plus qu'une *pouſſière noire*, qui laiſſe dans les » doigts une odeur infecte de marée. » Cette dernière définition convient exactement au *charbon*, & c'eſt mal-à-propos que M. Cadet le confond avec la *carie*, dont le grain renferme une matière blanche, purulente, viſqueuſe, qui contient les anguilles dont il parle à l'article du *Rachitiſme.* En vérité tant d'erreurs ſur les définitions & les premiers principes, ne ſont pas excuſables dans des Profeſſeurs; & ſi j'étois Phyſicien, au lieu d'un ſimple Meûnier, je renverrois moi-même ces Meſſieurs aux écoles des Frères de la Doctrine, pour y puiſer la modeſtie qui ſied ſi bien à l'ignorance, ou bien je les prierois de lire attentivement le ſecond Chapitre

---

tité de pain, malgré les expériences contraires de l'Académie des Sciences.

Non-ſeulement M. Parmentier a écrit dans les Journaux & ailleurs, pour prouver la bonté des *bleds ergotés*, mais il a encore traduit le Livre d'un Apothicaire Ruſſe ſur l'ergot. Si ce Pourvoyeur de la Colonie naufragée, qu'il veut nourrir avec la pomme de terre, le pied de veau & le marron d'inde, ne fait pas de bon pain avec les *bleds ergotés*, il ne s'en prendra pas à la qualité des eaux. Non-ſeulement il a fait un Livre pour prouver que l'eau ſale & bourbeuſe de la Seine, qui eſt l'égoût de Paris, eſt la meilleure, la plus légère, la plus ſavoureuſe de toutes les eaux; mais il ſoutient encore, par l'organe de M. Cadet, que la *qualité de l'eau* ne fait rien à la bonté du pain, comme on le verra plus bas.

du *Traité des grains*, & le *Discours préliminaire*, où tout ce qui concerne les maladies des grains est approfondi.

Il falloit bien trouver une *Panacée*, un spécifique universel pour tant de maladies différentes qui affectent les grains, mais qui ne sont toujours que de la *poussière noire*, si l'on en croit M. Cadet. La nielle est une *poussière noire* destructible des moissons; le charbon est une *poussière noire*, fine & légère; la carie est une *poussière noire* qui a une odeur de marée. Il étoit naturel d'en conclure qu'il n'y avoit qu'à *laver* les grains pour les nétoyer de cettte vilaine *poussière noire*, qui nous empêcheroit de manger du pain blanc. C'est aussi ce que fait M. Cadet, en nous indiquant, p. 70, pour remède général, la *macération des semences dans une lessive de chaux & de cendres de bois neuf*. Cette lessive, imaginée par un respectable (1) Académicien, pour nétoyer les grains mou-

---

(1) M. *Tillet*, dont on ne sauroit trop louer le zèle & les lumières, a prouvé par des expériences sans réplique, faites à Trianon sous les yeux du feu Roi, que la *poussière du charbon* qui s'attache dans les granges après le bled sain, lorsque les coups de fléau rompent les grains charbonnés, *étoit contagieuse*; & qu'ainsi le seul moyen d'emporter les effets de la contagion, étoit de passer les semences dans une forte lessive de chaux & de cendres de bois neuf, pour les bien nétoyer de cette poussière contagieuse. L'effet a parfaitement répondu aux vûes de l'habile Physicien. Mais M. Tillet étoit trop judicieux, trop éclairé pour avoir pré-

chetés de la pouſſière contagieuſe du charbon, devient, entre les mains de M. Cadet, un de ces remèdes généraux, que la Médecine appelle des *ſelles à tous chevaux*, & qu'il applique indiſtinctement & dans tous les cas, à toutes les maladies des grains qu'il a ſi mal définies & ſi bien expliquées.

Et comme M. Cadet regarde ces mêmes maladies comme des *vices de génération* qu'il faut proſcrire en arrêtant le mal dans ſa ſource, il ne manque pas d'invoquer le ſecours des loix, qui, joint à ſa leſſive, aura bientôt produit l'effet deſiré. Il cite une loi fameuſe d'un Peuple de la Grèce, qui défendoit à tout individu, ſorti diſgracié des mains de la nature, de paſſer à l'état

---

tendu que cette leſſive pût produire d'autre effet que le nétoyage de cette pouſſière graſſe & infecte, qui s'attache au toupet du *grain moucheté & charbonné.* Il ne vouloit pas en faire une *ſelle à tous chevaux*, comme mon Compère le dit à M. Cadet. Il n'a pas penſé que cette leſſive pût guérir les maladies radicales des grains, dont le germe eſt vicié par le défaut de maturité, la moiſiſſure & la fermentation des tas qui altèrent le grain dans les gerbes, & qui multiplient dans nos champs les maladies du *bled en herbe*, telles que le charbon, la nielle, le rachitiſme & la carie. Il n'eſt point remonté, comme on le fait ici, aux cauſes primitives de ces maladies, ni même de celles du charbon, dont il s'occupoit ſpécialement. Il ne ſongeoit qu'aux moyens de prévenir la contagion : & c'eſt ſans raiſon que M. Cadet applique, pag. 70, les bons effets de cette leſſive ſur les bleds mouchetés, à toutes les maladies des grains indiſtinctement, & ſollicite une loi pour l'enjoindre aux Laboureurs.

du mariage, de peur de vicier l'eſpèce humaine. « Nous avons bien, dit-il p. 17, une loi pour écarter » le Nègre & l'Africain de nos climats; pourquoi » donc n'en n'aurions-nous pas une pour écarter le » bled noir & charbonné de nos moiſſons? L'intérêt, » dira-t-on, eſt un excellent maître: Non, Meſſieurs, » tout éloquent qu'il ſoit chez l'homme, il l'eſt moins » encore que les préjugés; & puis le *Laboureur ne lit* » *pas*. Je ne connois qu'un ſeul remède à ſon igno- » rance, c'eſt d'*inſtruire les Paſteurs*, qui en rece- » vront la récompenſe dans l'*augmentation de la* » *dixme*, *&c.* »

Mon Compère, qui s'étoit tenu long-temps ſans rien dire, m'obſerve à l'inſtant qu'il ne doute pas que ces Meſſieurs ne faſſent par la ſuite des *miſſions* dans les campagnes pour l'inſtruction des Curés, puiſqu'ils ne connoiſſent que ce ſeul remède à l'ignorance du Laboureur qui ne lit pas leurs Ouvrages, & qui, quand il auroit le talent de les lire, n'en ſeroit pas moins privé de l'intelligence pour les entendre, & du don de la foi pour y croire ſans comprendre. Ainſi le malin Compère doute de l'accompliſſement de la prophétie de M. Cadet, qui aſſure, p. 71, « qu'alors le Cultivateur, inſtruit par ſon Paſteur & » éclairé ſur ſes intérêts, verra *prélever la dixme ſans* » *murmure*, comme le prix de ſa reconnoiſſance. »

L'ordre, la méthode & la clarté n'étant pas les qualités favorites de nos Profeſſeurs, M. Cadet parle, p. 71 & ſuivantes, de la *conſervation des grains* &

des farines, avant d'avoir parlé de la mouture qui doit les convertir en farine. Il ne fait que balbutier sur les principes de la conservation des grains. Voici sa phrase, que nous prions les Lecteurs les plus intelligens de nous expliquer. « Le bled est-il serré dans les gre-
» niers, sa conservation exige de nouveaux soins;
» chaque semaine, chaque jour, chaque variation de
» l'atmosphère y apportent un changement. Le vent
» du midi l'échauffe, & favorise la ponte des insec-
» tes; le vent du nord le desséche, & lui enlève
» une *portion d'humidité* que bientôt après il repren-
» dra; mais cette humidité que lui restitue l'atmos-
» phère, est bien différente de celle qu'il a perdue;
» ce n'est point une *humidité principe*, elle ne devient
» point partie constitutive du grain, elle excite dans
» celui qui en est pénétré une fermentation préju-
» diciable accompagnée de chaleur; ce qui altère le
» bled dans ses principes élémentaires, & conséquem-
» ment le détruit. »

C'est bien là ce qu'on nomme du *galimatias double*, lorsque l'Auteur ne s'entend pas lui-même; (1) au reste, M. Cadet ne dit rien des moyens de

---

(1) Qu'il apprenne donc que dans le grain fraîchement récolté, il reste une partie de son *eau de végétation* qui altéreroit la partie muqueuse & sucrée du bled, si on ne la lui faisoit perdre en le faisant suer sur les greniers, & en le remuant souvent jusqu'à ce qu'il ait fait, comme on dit, *son effet*; que c'est par

conſervation du grain dans les greniers, parce que M. Brocq, ſon aſſocié, avoit commencé de ſerrer du grain dans des ſacs ſans y toucher, & que le réſultat de cette belle expérience, n'étoit pas encore favorable à la découverte. En attendant, nous renvoyons au *Traité général des grains & de la mouture par économie*, partie première, chapitres 2, 3, 4 & 5, où l'on trouvera les vrais principes de la *conſervation des bleds* ſans altération dans les greniers & magaſins, avec les moyens d'en retarder le dépériſſement, & de les garantir des vers, des teignes & des inſectes qui les dévorent.

---

cette raiſon que l'uſage des grains nouveaux eſt échauffant, dangereux, & cauſe ſouvent des maladies endémiques, dont les Docteurs tels que M. Cadet, ignorent la ſource, l'origine & la cure. Qu'il apprenne que les vents n'ôtent ni n'apportent aucune *humidité principe ou étrangère, qui ſoit partie conſtitutive du grain;* que c'eſt l'huile volatile & eſſentielle du bled qui compoſe le mixte de la farine, & qui lui donne le *goût & l'odeur du fruit* qu'on trouve dans le bon pain, lorſqu'il ſent la noiſette, & que le bled a été pris à ſon *point de perfection* dans l'année de ſa récolte; que c'eſt cette huile volatile qui, en s'évaporant par un laps de temps conſidérable, occaſionne le dépériſſement du bled à la longue; dépériſſement qu'on retarde plus ou moins, en tenant le bled bien ſec par le peltrage pour l'*eſſorer* à l'air libre, en le garantiſſant de toute humidité, &c. Qu'enfin le moyen le plus prompt de corrompre ſes grains, c'eſt de les mettre en ſacs ou de les laiſſer en tas ſans les remuer, & de les abandonner à eux-mêmes ſans entretien. Ce ſont à-peu-près les mêmes principes pour la *conſervation des farines*, comme on le verra plus bas.

« Est-ce la farine qu'il s'agit de conserver ? M. » Cadet blâme beaucoup l'habitude où l'on est de » l'étendre sur les planchers, où sa *légèreté*, dit-il, » p. 73, *& sa division extrême la font nager dans* » *l'air*, en l'exposant à l'action destructive de cet » élément. » Mais l'air ne détruit point la farine ; elle pourroit y *nager en sûreté*, s'il étoit sec & pur ; ce sont l'humidité & les vapeurs qui nagent dans l'air, & qui portent avec elles le principe de corruption qui détruit le mixte de la farine.

Ainsi donc, s'écrie M. Cadet, en renforcant sa voix, « il n'y a qu'une manière de conserver les » farines ; *c'est de les mettre dans des sacs isolés les* » *uns des autres, & d'etablir un courant d'air.* M. » Brocq, Boulanger, ou si l'on veut Régisseur de » la Boulangerie des Invalides, *a porté cette vérité* » *jusqu'à l'évidence* ; il a su s'élever contre les pré- » jugés, parce que l'homme instruit ne s'en laisse » pas *imposer par les usages*. (1)

---

(1) Si le Philosophe qui s'élève au-dessus des préjugés, ou l'homme instruit qui ne s'en laisse pas imposer par les usages, mérite des éloges par sa noble hardiesse, c'est lorsqu'il prouve évidemment que ces usages sont vicieux, ou qu'ils entraînent des inconvéniens, & qu'il en montre le remède. Mais quand on veut substituer des innovations dangereuses ou puériles aux usages pratiques confirmés par l'expérience, sans pouvoir même les appuyer par des raisons plausibles, quand on se trouve contredit par les faits, alors on doit annoncer ses prétendues découvertes avec

On

On voit que M. Cadet tient l'encensoir, & qu'il y met du *galipot* pour en distribuer à qui voudra en prendre. Les avantages économiques qui peuvent résulter de cette méthode, ne consistent pas dans *l'achat des sacs* & leur entretien annuel, ce qui est en effet fort coûteux, selon M. Cadet, p. 75; mais au moins, dit-il, ces *frais se calculent*, (& c'est toujours un avantage) *tandis qu'on ne peut pas calculer ceux de manutention.* Ces derniers ne sont cependant pas chers; car il ne s'agit que de remuer les farines avec la pelle par un temps sec.

« Mais, dit M. Cadet dans sa manière ordinaire; » la partie odorante, *le Gas qui constitue le bon pain*, » s'échappe, se dissipe par la fermentation; de plus,

---

moins de faste & de fracas. C'est pour ces sortes de gens que le bon La Fontaine a fait sa Fable de *la Montagne qui enfante une Souris.*

Les bons économes se sont convaincus par l'expérience que les farines versées sur le plancher pour les rafraîchir au retour du moulin, soignées & peltrées de temps à autre, sur-tout en été, où elles courent plus de risque de s'échauffer, étant bien desséchées par le remuage, se conservent plus long-temps, boivent plus d'eau au pétrin, & donnent plus de production en pain que celles qui sont abandonnées à elles-mêmes sans entretien dans des sacs où elles sont sujettes à se marronner, &c. &c. Que si on veut mettre en sacs ces farines de conservation, ce ne doit être qu'après les précautions dessus dites, & avec l'attention de ne pas les presser ni entasser, pour qu'on puisse retourner, remuer & secouer ces sacs comme un oreiller, de temps à autre, & les visiter souvent; car c'est l'œil du maître qui engraisse le cheval & qui conserve les farines.

» on perd de la farine par cette *ventilation*, (il vouloit » dire remuage) la poussière se mêle avec elle, & » il n'y a pas plus moyen de l'en séparer, que d'en » ôter la mite, cet insecte dévorant, ce nouveau Ca- » méléon qui échappe à l'œil parce qu'il prend la » couleur du corps dont il se nourrit. Or, la farine » n'est exposée à aucuns de ces inconvéniens, lors- » qu'on l'*enferme dans des sacs*, avec la précaution » de les isoler, & d'entretenir au moyen du *Venti-* » *lateur* un courant d'air, &c. »

Si cette méthode ruineuse, comme on en convient, pour l'achat & l'entretien des sacs, l'établissement du Ventilateur, &c., avoit au moins l'avantage qu'on lui suppose si gratuitement, d'empêcher la fermentation de la farine & la mite de s'y former, M. Brocq mériteroit de l'encens pour cette précieuse découverte, qui n'est cependant pas nouvelle; car de tout temps on a mis de la farine dans des sacs, ce qui est d'ailleurs fort commode pour la transporter. Mais ici il s'agit de l'ensacher au sortir des meules, pour y conserver, selon M. Cadet, le *Gas*, (mot qui fait bien rire mon Compère) & de l'abandonner ensuite à elle-même en isolant les sacs : c'est là que la Rhétorique de notre Rhéteur est en défaut. Ce nouveau moyen de conservation, que lui a persuadé le sieur Brocq, en est plutôt un de destruction, comme il sera aisé de le sentir, pour peu qu'on y réfléchisse, & plus facile de s'en convaincre par l'expérience.

1°. L'air n'est donc point *destructif* de la farine,

comme l'avoit avancé mal-à-propos M. Cadet, deux pages plus haut; puisque la découverte du sieur Brocq, son Confrère, & son maître en Boulange, exige l'*isolement* des sacs, un *courant d'air*, un *Ventilateur*, &c. 2°. La toile claire des treillis des sacs, n'empêche point l'air ni même l'humidité d'y pénétrer. Au contraire, ces petits tas de farine isolée dans chaque sac, présentant plus de surface à l'air ambiant, sont pris de tous côtés par l'humidité & les vapeurs, qui font fermenter à la fois tous ces petits tas séparés, faute d'être remués; la putréfaction, les vers & la mite s'y mettent, & les travaillent en silence le jour & la nuit, tandis que le Garde-magasin se repose. 3°. Enfin, ce n'est point le *Gas* qui s'échappe pendant la fermentation de la farine exposée à l'air, que M. Brocq a voulu conserver en l'enfermant dans des sacs, parce qu'il ne sait pas mieux que moi ce que c'est que ce *Gas* si précieux. (1) Je soupçonne au contraire,

---

(1) J'ai demandé à mon Compère ce que c'étoit que le *Gas de la farine*, le *Gas* qui constitue le bon pain, selon M. Cadet: Il m'a répondu que c'étoit l'*acidum pingue* d'un Auteur Allemand. Je l'aurois je crois battu, s'il ne m'avoit expliqué comme il a pû, que ce sont la chaleur humide, les vapeurs spiritueuses & acides qui s'échappent de tout corps en fermentation, & qui brisent les vaisseaux où on veut les enfermer; que c'est par cette raison que le Docteur *Gas-acido*, dont M. de la Folie fait de si bons contes, a voulu exprès enfermer ce *Gas dans des sacs*, afin qu'il ne brise rien.

A présent, j'entends que ce n'est point le *gas*, quoiqu'en dise notre Pharmacien, qui constitue le bon pain, comme ce n'est

que c'eſt ce malheureux *Gas* qui feroit tout le mal, ſi on ne remuoit ſouvent la farine qui s'échauffe, & qui la feroit marronner dans les ſacs où on la laiſſeroit tranquille.

On voit par là que notre diſpute n'eſt pas une diſpute de mots, & que le public peut au moins, comme je l'ai dit, tirer quelque profit de notre querelle, puiſqu'il y s'agit des intérêts les plus chers de

---

point le *Gas* qui s'échappe de la cuve en fermentation qui conſtitue le bon vin; que c'eſt préciſément au contraire ce *Gas*, cet *eſprit* deſtructeur de la farine commençant à s'échauffer, qui hâteroit ſa deſtruction complette, ſi on ne facilitoit ſa ſortie par le remuage, & ſi on ne rafraîchiſſoit la farine, en la changeant de place, ou par la *ventilation avec la pelle*, pour me ſervir des expreſſions de M. Cadet. Ce ne ſont pas les tas de farine qu'il faut iſoler dans les ſacs, mais chaque particule de farine qu'il faut iſoler par le remuage à l'air ſec, lorſque l'humidité la fait fermenter. Enſuite, lorſqu'on veut la conſerver dans cet état de ſécheresſe, on la met, ſi l'on veut, dans des barils, & on la preſſe de force avec des battes; on peut même brayer les barils dans leſquels elle ſe conſerve long-temps. Si on eſt preſſé d'envoyer ſa farine fraîche moulue aux Colonies, on la fait paſſer par l'*étuve à farine*; & en cet état on lui feroit faire le tour du monde, ſans aucun riſque.

Voilà ce qu'on a dit & redit dans le dernier Chapitre du *Traité des grains & de la mouture par économie*; mais ces Meſſieurs ne le liſent pas, à ce qu'ils diſent, ou plutôt ils le liſent mal, & corrompent juſqu'à la ſaine doctrine dont ils devroient ſe nourrir tous les jours, puiſque c'eſt ſur leur ſcience en Meûnerie, Boulangerie, Chimie, Économie, &c. qu'il veulent fonder leur Maiſon, leur Cuiſine & leur réputation Littéraire.

l'Etat ; puisqu'il y est question des vrais principes de la *conservation des grains* , *& des farines* qui intéresse tout Père de famille , tout Propriétaire économe , toute Communauté , & surtout les Administrations & Maisons de charité , obligées de faire de gros approvisionnemens pour la conservation desquels la découverte du sieur Brocq & la Rhétorique de son Confrère l'Apothicaire, seroient également dangereuses.

Au reste, je n'entends pas désapprouver absolument la *méthode d'ensacher les farines qu'on veut conserver*, pourvu toutefois qu'elles aient *fait leur effet* auparavant, c'est-à-dire, qu'on les ait fait suer en tas ou fermenter au sortir du moulin, afin de leur faire perdre la chaleur & l'humidité que la rotation & le poids énorme des meules pourroit leur avoir imprimées. On fera donc toujours bien de verser sur le plancher les farines en arrivant du moulin, les laisser fermenter en tas, ou plutôt *transpirer ce Gas*, cette vapeur humide, que transpire tout mixte végétal qui a subi l'effort des meules ou du broyement. On remue ces farines de temps à autre pendant un mois ou six semaines, ou seulement quinze jours, si on ne veut pas les garder long-temps ; mais il faut plus de temps pour les dessécher parfaitement, suivant la température de l'air : les tas seront moins hauts en été qu'en hyver. Après ces précautions, on peut ensacher les farines si l'on veut, pourvû toujours qu'on les visite souvent, & qu'on retourne les sacs ; & l'on fera bien de mettre des chantiers deſſous. (1) Au reſte, ces matières ſont trop importantes, pour ne pas y revenir encore par la ſuite, lorſque j'aurai coulé à fond le diſcours de M. Cadet.

---

(1) Il y a un moyen de *bonnifier les farines* peu connu, & qui ſe pratique par M. Thierry, Boulanger du Roi, & à la *Boulangerie des Gardes-Françoiſes*, qui en vaut bien une autre, & dont cependant M. Cadet affecte de ne rien dire, parce que ce n'eſt pas le ſieur Brocq qui l'a montrée, & qu'on n'y admet pas ſes découvertes. Cette méthode excellente conſiſte à ajouter aux farines vuidées ſur le plancher, du ſel bien ſéché au four, bien égrugé, environ une demie livre par quintal.

Je remarquerai encore un autre avantage que préſente la méthode ordinaire de conſervation, que je crois devoir préférer à celle du ſieur Brocq; le *mariage* ou mélange des farines provenues des diverſes qualités de grains ou de bleds de différens crûs, s'y fait bien plus facilement en les vuidant ſur le plancher & en les traitant enſemble; l'union eſt plus intime, elles s'amalgament mieux. Telle farine dure, revèche, telle autre molle, ſans nerf, &c. n'auroient fait ſéparément qu'un pain médiocre ou mauvais, tandis qu'étant traitées enſemble, elles produiront un excellent pain. Voyez le *Diſcours* à la tête du *Traité des grains*, & *le dernier Chapitre de cet Ouvrage*, t. 6. Ce ſont les cauſes & les effets de pareils mélanges qui devroient donner de l'occupation à des Profeſſeurs Chimiſtes. C'eſt le réſultat de la fermentation panaire de pluſieurs corps farineux, mêlés avec la pure farine de froment, qu'il faudroit étudier, parce que le Boulanger artiſan ne connoît pas cette partie. C'eſt l'objet du dernier Chapitre du *Traité des grains*, où l'on donne la notice, les caractères & l'analyſe de tous les corps farineux, les divers produits réſultans de leur mélange, &c. auquel nous renvoyons M. Cadet & M. Brocq.

§. III.

Je n'avois annoncé que trois paragraphes ; mais j'ai autant besoin de repos que le Lecteur, & mon Compère vouloit boire un petit coup ; car le Bonhomme aime autant le bon vin que le bon pain. Il m'a donc fallu couper en deux le Discours de M. Cadet ; ce qui n'est pas facile, à cause du désordre qui règne dans ce petit Discours, dont chaque phrase & presque chaque mot présentent le flanc à la critique. Mais je m'en tirerai comme je pourrai ; il s'en est bien tiré lui-même, & ses opérations, comme le dit son Collégue, n'ont point été infructueuses.

« Après avoir examiné, dit M. Cadet, p. 77, ce » que c'est que le *commun* des *Laboureurs*, ce que c'est » que le *commun* des *Commerçans* en bleds & en fa» rines, examinons à présent ce que c'est que le *com*» *mun* des *Meûniers* ». Voilà bien du *commun* : il traite en effet toutes ces professions utiles, ou plutôt ceux qui les exercent, avec un mépris insupportable dans un homme qui veut leur apprendre avec une morgue risible, que mon Compère appelle du *Pathos*, ce qu'ils savent cent fois mieux que lui, ou ce qu'ils n'ont pas besoin d'apprendre. Il n'excepte de cette proscription générale, que les Meûniers & les Boulangers qui consultent les Chimistes, ou qui vont à leurs leçons. « Pour ce *petit nombre*, dit-il, dont la fortune

» récompenſe la confiance, combien y en a-t-il qui
» ſont livrés à l'ignorance la plus abſolue, & à la
» routine la plus aveugle ? *Qui eſt-ce qui a introduit*
» *la mouture économique ?* ce ne ſont pas des Meûniers,
» puiſqu'ils ne ſavent pas l'adopter, & qu'à la porte
» de la capitale, ils ont recours à des *procédés* de mou-
» ture qu'on devroit *interdire* comme *attentatoires*
» à la *ſubſiſtance du Peuple.* »

J'ai été auſſi bon apôtre de la *mouture économique* que M. Cadet, puiſque j'en ſuis le premier martyr; mais je ſuis fort éloigné de conſeiller, comme M. Cadet, de recourir à la violence pour interdire les *moutures brutes* comme attentatoires. Bien des gens aiment mieux avoir un pain moins beau, & ne pas le payer ſi cher; & puis ce ſont les raiſons & les avantages réſultans qui doivent perſuader à la longue. C'eſt pour cela que le reſpectable Magiſtrat que vous louez avec tant de juſtice, a fondé votre *Ecole*, à laquelle il ne manque que des Profeſſeurs pratiques plus inſtruits en Meûnerie & en Boulangerie, qu'en Chimie & en Pharmacie. Ce n'eſt pas qu'il ne ſe trouve à leurs leçons quelques bons Boulangers; mais ils n'y aſſiſtent pas, comme cela devroit être, avec le titre de Profeſſeurs. Tout eſt donc réſervé à la Chimie.

Je ne m'arrête donc qu'à l'*invention de la mouture économique*, qu'on diſpute aux Meûniers. Si ce ne ſont pas des Meûniers qui ont fait cette utile découverte, à qui donc pouvoir l'attribuer ? Sont-ce des Chimiſtes qui auroient pu la faire ? Des Apothicaires, des Écrivailleurs, des Journaliſtes, des Diſcoureurs, qui n'ont pas même l'idée de la ſtructure & du méchaniſme d'un moulin, ni du rapport de toutes ſes parties intégrantes? Que M. Cadet en juge par lui-même; qu'au lieu de belles phraſes qui ne diſent rien, il eſſaye de faire la deſcription complette d'un moulin à eau ou à vent; le rapport, le jeu & la proportion de toutes les parties, pour produire un effet égal & combiné avec le degré variable de la force motrice du moulin; qu'il entreprenne de décrire les différens procédés de toutes les ſortes de moutures, leur produit comparé ſur toutes eſpèces & qualités de grains, &c. comme je l'ai fait dans le *Manuel du Meûnier*, comme on l'a fait dans le grand *Traité des grains & de la mouture par économie*, publié en ſix gros volumes *in*-8°. avec les planches néceſſaires; & alors il pourra juger combien l'art de la Meûnerie eſt étendu & compliqué; combien il faut l'avoir pratiqué & exercé long-temps pour le *perfectionner* & pour l'enſeigner aux autres. Que M. Cadet mette lui-même la main à l'œuvre, que de Profeſſeur en Meûnerie il devienne ſimple Meûnier; qu'il eſſaye de moudre à la nouvelle méthode quelques ſeptiers de bled humide comme celui de la dernière récolte; & alors il ſe convaincra, par la difficulté & le peu de ſuccès, que la *mouture économique* tenoit à trop de détails pratiques pour être une *decouverte de Savans*; qu'il lui faudroit à lui-même quelque temps d'apprentiſſage au moulin, ſeulement pour la concevoir; qu'elle ne pouvoit être faite qu'à la longue & par des *Meûniers instruits*, qui ont perfectionné les machines & les procédés les uns après les autres ; que c'est la vraie raison pour laquelle l'époque fixe de la découverte & le nom de l'inventeur, sont également ignorés.

De ce qu'il y a quelques Meûniers dans la Capitale ou à la porte, (ce que l'on ignore, & ce dont on doute) qui peuvent avoir des raisons pour refuser d'admettre les nouveaux procédés, faut-il les battre, & inculper d'ignorance & d'absurdité tous les autres Meûniers passés & présens ? S'ensuit-il de-là que ce ne sont pas *d'autres Meûniers* qui ont inventé la mouture économique ? En vérité, M. Cadet, où est donc dans une pareille occasion la connoissance des règles de la Logique ? Faut-il qu'un Meûnier vous rappelle aux loix du raisonnement, pour vous apprendre à en tirer des conséquences ? Mon Compère, qui a lu son *Aristote*, & qui dit qu'il vaudroit autant *vendre des falourdes & des sifflets* que de déraisonner en public, m'assure qu'il m'est aussi permis à moi, simple Meûnier & pauvre hère, d'être bon Dialecticien, qu'à vous d'être *tout-à-la-fois* bon Apothicaire, bon Chimiste, bon Meûnier, bon Boulanger, beau Discoureur, & malgré cela mauvais Raisonneur, mauvais Censeur, parce que vous voulez juger de tout sans savoir & sans connoître, ainsi qu'on va le démontrer sans réplique.

Vous définissez la *Meûnerie* à la p. 78, *l'art d'obtenir de la meule, & par le moyen des bluteaux, les produits du bled distincts entr'eux*. Je ne parle pas encore d'une petite contradiction que j'aurai occasion de relever plus bas. Mais comme les *définitions* justes, claires & complettes sont la base de tout ouvrage élémentaire, il s'ensuit que c'est un attentat contre le sens commun & contre le devoir essentiel d'un Professeur, d'employer des définitions fausses, obscures, incomplettes, équivoques, ambiguës, &c. Celle qu'on nous donne ici de la *Meûnerie* ne convient qu'à la seule *mouture rustique*, puisqu'à l'aide de la meule & des bluteaux elle donne les produits du bled distincts entre eux, c'est-à-dire, la farine du bled séparée du son & des recoupes (1).

Cette même définition de la *Meûnerie* devoit convenir à toutes les sortes de *moutures*, puisque c'est une définition générale de l'art de moudre. Cependant elle ne peut concerner la *mouture en grosse*, où l'on ne se sert jamais de bluteaux, & qui est en usage dans les trois quarts & demi du Royaume : elle consiste dans le simple broyement du grain, dont tous les produits mélangés, farines & issues, sont ensachés au sortir des

---

(1) On pourroit même assurer que la *définition* de M. Cadet ne convient à aucune sorte de moutures, pas même à la *rustique*; puisque celle-ci ne donne qu'une seule sorte de farine, & qu'ainsi les produits du bled n'y sont pas *distincts entre-eux*, comme il l'a dit dans la définition de la Meûnerie. La mouture économique est la seule qui donne les différens produits du bled distincts entre eux ; mais son *essence* consiste dans le *remoulage des gruaux*, dont la définition ne parle pas.

meules, pour n'être séparés que long-temps après dans des bluteries bourgeoises ou dans des tamis hors du moulin (1).

Elle ne peut convenir à la *mouture méridionale*, usitée pour le commerce des Colonies, & que M. Malouin préféroit lui-même à tous les procédés compliqués de la mouture économique. Cette méthode n'emploie que les mêmes procédés de la mouture en grosse; mais seulement avec plus de soin & de précautions, & avec la différence qu'on y fait exprès fermenter tous les produits avec le son & les issues

---

(1) M. Cadet se trompe donc encore bien lourdement en affirmant à la même page 78, *que toutes les espèces de moutures connues ne sont que des modifications de la mouture rustique*, puisqu'il est évident que la *mouture en grosse*, qui est la plus répandue, & même la *mouture méridionale* pour le commerce des Colonies, qui est la plus perfectionnée des moutures brutes, ne se servent pas de bluteaux au moulin; & qu'ainsi elles ne peuvent être des modifications de la *mouture rustique*, qui blute les farines chaudes à mesure que les meules débitent, & qui, par là, occasionne une perte considérable de la denrée. C'est la *mouture économique* qui est réellement une modification, une perfection de la mouture rustique; c'est elle qui, par ses différens bluteaux supérieurs, & son dodinage ou bluterie inférieure, sépare réellement tous les produits du bled & des différens gruaux blancs, gris & bis, du son maigre qui sort par la bluterie inférieure, au moyen du remoulage des gruaux, &c. Voyez le *Manuel du Meûnier*. Il faut le lire & l'apprendre, ou avoir fréquenté les moulins, lorsqu'on veut définir la *Meûnerie* & en donner des leçons publiques, comme dit mon Compère.

mêlées ensemble dans le tas qu'on appelle *Rame*, avant de séparer les farines par des bluteaux. Vous voyez bien, Monsieur, que le but de ces gens là, qui entendent si bien le Commerce & la conservation des farines qu'ils envoyent par mer aux deux Mondes, est précisément de laisser transpiter par la fermention avec le son, ce même *Gas* que vous croyez constituer le bon pain & que M. Broq vous a si mal-à-propos conseillé de renfermer dans des sacs, pour vous donner le plaisir de faire voir des mites à vos Auditeurs.

Enfin votre définition de la *Meûnerie* ne peut même convenir à la *mouture économique*, que vous avez principalement en vûe dans ce passage, puisque son essence consiste principalement dans le *remoulage* séparé des gruaux & de toutes les parties du grain, qui n'est que broyé par le premier tour de meule. D'ailleurs, votre définition confond à la fois l'art du *Tamelier* avec celui du *Meûnier*; l'art de bluter les farines, qui regarde le Farinier - Boulanger, avec celui de moudre les grains; c'est ce que l'on a eu bien soin de distinguer dans le *Traité des grains & de la mouture* par économie, pour empêcher M. Cadet & les Lecteurs superficiels de tomber dans cette erreur.

« La *mouture rustique*, dit M. Cadet, dont toutes » les autres ne sont que des modifications (ce qui » n'est ni vrai ni exact,) mérite à tous égards le nom » de *rustique. Elle consiste*, p. 79, *à passer le bled* » *sous la meule, à le rapporter à la maison, & à l'y*

» *bluter.* » (1) C'eſt ici que notre élégant Écrivain démontre ce qui a été répété ſi ſouvent, qu'il n'entend pas même ce qu'il copie. Qu'il ouvre l'*art de la Meûnerie* de M. Malouin ; qu'il liſe notre *Manuel du Meûnier* ; qu'il parcoure s'il veut le *Traité des grains & de la mouture par économie* de M. Beguillet ; ou plutôt qu'il entre dans le premier moulin qu'il trouvera ſur ſa route en Picardie, où il va porter la Science, & il verra que dans la *mouture ruſtique*, il y a toujours un ſeul bluteau attaché ſous la meule ; que ce bluteau eſt plus ou moins fin, ſuivant la nature du pain plus ou moins bis qu'on veut faire ; & que le *grand défaut* de la mouture *ruſtique*, conſiſte à bluter au moulin les farines ſortant des meules, & quelquefois échauffées par un moulage trop ſerré, & non pas à les rapporter à la maiſon pour les paſſer au *tamis*, comme le

---

(1) Je croyois avoir mal lu, parce que M. Cadet, dix à douze lignes plus haut, avoit ſuppoſé par erreur, que dans *toutes les moutures le bluteau eſt attaché au moulin* ; ce qui n'eſt vrai qu'à l'égard de la mouture ruſtique. Dix lignes plus bas, il dit que cette même mouture ruſtique *conſiſte à paſſer le bled ſous la meule & à le bluter à la maiſon.* J'ai recouru à l'*errata*, mais il n'y en a que pour M. Parmentier ; celui du Diſcours de M. Cadet eût été trop ample, trop volumineux, ſuivant mon Compère, qui dit en riant que l'*errata* eût excédé le texte. Il aſſure que la *contradiction*, ce péché philoſophique, impardonnable à tout Dialecticien, n'eſt pas même un péché véniel pour un Orateur tel que M. Cadet, qui ne ſe pique pas plus de ſavoir la Dialectique que les autres ſciences qu'il profeſſe hors de ſon art.

dit M. Cadet. S'il se servoit de *tamis* en les faisant jouer aussi dextrement que les garçons Apothicaires, alors la mouture rustique donneroit peu de perte ; parce que le tamis tireroit à loisir tous les produits de la farine reposée, comme le font les Minotiers qui approvisionnent les Colonies.

Après une erreur aussi capitale de notre Professeur en Meûnerie, dans laquelle un garçon Meûnier ne seroit pas tombé le lendemain de son entrée au moulin, le Lecteur sent bien qu'il est tout-à-fait superflu de suivre M. Cadet dans la comparaison qu'il fait, p. 79, 80 & 81, de la mouture rustique & de l'économique ; encore moins est il nécessaire de critiquer le tableau des produits qu'il en donne, en mêlant tous les mots qu'il a extraits du *Traité des grains*, mais dont il a ôté la liaison, ce qui en détruit le sens. On ne peut comparer les objets sans les connoître ; ainsi je me contente de dénoncer le plagiat sans discuter les erreurs, telle que celle des *déchets* (1), qu'il détermine si mal-à-propos à *moins de trois livres le septier*

---

(1) A la fin du *Tableau* des produits comparés, page 81, tableau pris dans ceux du *Traité des grains*, M. Cadet estime le *déchet* de la mouture rustique de 8 à 10 liv. par septier de 240 l. & celui de la mouture économique de 3 liv. & moins par septier de même poids. Mais il se trompe évidemment, puisque les déchets ou évaporations doivent être moindres dans la mouture rustique, où il n'y a qu'un seul moulage, où l'on blute les farines chaudes & grasses, que dans la mouture économique, où l'on

dans la mouture *économique* ; ce qui seroit une source d'abus & d'injustices criantes, si l'opinion de M. Cadet avoit autant de prépondérance au Palais qu'à son Ecole.

A l'égard de l'avantage que M. Cadet attribue à la mouture économique, p. 82, de donner 160 livres de farine blanche par septier, contre 90 livres qu'en tire la rustique, c'est un avantage bien réel ; mais ce n'est point par la raison qu'en donne M. Cadet, en

---

remoud cinq à six fois, & où l'on repasse aussi souvent les produits dans leur état de sécheresse ; ce qui doit occasionner plus d'évaporation. D'ailleurs, on ne peut comparer des choses variables comme les déchets. S'il avoit bien lu le *Traité des grains*, il auroit vû que les déchets ne peuvent être les mêmes, attendu les différences des grains & de leurs qualités supérieure, moyenne ou inférieure, leur degré de sécheresse ou d'humidité, la température même de l'air au temps de leur mouture, pesage, &c.; circonstances qui influent plus ou moins sur les déchets. Celui que M. Cadet fixe à moins de 3 liv. par septier dans la mouture économique, ne peut se soutenir le même le long d'une année, & il n'a peut-être jamais existé, ou s'il a existé réellement, c'est tant pis pour la qualité de la farine. Il faut en ce cas qu'elle ait contracté de l'humidité soit au moulin ou à la mouture, ou en route par la pluie, ou enfin qu'elle ait été déposée dans des endroits humides avant la pesée. C'étoit le secret de ce Meûnier qui se confessoit d'avoir toujours vendu *plus que le poids* à ses pratiques ; sans cela, le déchet de la mouture économique seroit de plus de 3 liv. par septier. Je reviendrai sur cette matiere à cause de son importance, & parce que l'assertion du Professeur pourroit faire tort à de très-honnêtes Meûniers.

disant

disant que cet excédent de blanc est d'autant plus *nécessaire, que le Peuple ne veut plus manger de pain bis.* Il parle sans doute du Peuple de Paris, habitué au pain blanc. Mais tous les Habitans des campagnes, tous les Artisans, les Bourgeois même des Villes & Bourgs, ne mangent que du *pain bis*, qui, lorsqu'il est bien fait de toutes farines mêlées, est plus substantiel & plus nourrissant que le *pain blanc*; car ce n'est point la *couleur qui* fait le bon pain. Voilà ce qui a été dit en vingt endroits du *Traité des grains*; & voilà ce que M. Cadet devoit considérer, s'il étoit bon Économiste, au lieu de prêcher en faveur du pain blanc, faste coûteux, qui n'a été imaginé par les Boulangers que suivant les progrès du luxe. On n'a qu'à essayer de nourrir le Soldat au pain blanc, pour juger sainement la question.

Voici le plus beau passage de la plus belle *Oraison* qui ait jamais été prononcée en Meûnerie. « Concluons » donc, que si la Meûnerie & la Boulangerie (p. 83) » n'eussent point été livrées de tout temps à une rou» tine aveugle; s'il avoit existé une *Ecole*, un *Chef-* » *lieu* où le Naturaliste, le Chimiste & le Physicien » (1) eussent été libres de se livrer à des recher-

(1) On sent bien, sans que mon Compère le dise, que ces trois doctes personnages à la tête de l'École, sont MM. Parmentier, Cadet & Brocq, (par syncope, *Par-Ca-Brocq*,) car ils sont trois têtes sur un même corps, comme le gardien du Ténare; l'une pour penser, l'autre pour parler, & l'autre pour ordonner à tous les Geindres, Mitrons & sous-Mitrons de l'École; assemblage né-

» ches théoriques & pratiques sur ces arts, ils seroient » depuis long-temps *perfectionnés*, (mot qui désigne » M. Parmentier qui les a *perfectionnés*, selon M. » Cadet, p. 63.) Le Gouvernement, continue l'Ora- » teur, ne se seroit point *compromis*, en déclarant » comme indignes d'entrer au corps humain, *ces* » *gruaux*, autrefois abandonnés à l'Amidonnier & à » la nourriture des animaux ; *gruaux qui entrent au-* » *jourd'hui dans le corps des Monarques* ; des milliers » d'hommes n'auroient pas brouté l'herbe, & ne » seroient pas morts de faim, &c. ».

Il a été beaucoup question dans le *Discours* de M. Béguillet, à la tête du *Traité des grains*, p. 90, de cette Ordonnance de Police qui proscrivoit les gruaux ; mais la riche comparaison, ou plutôt l'anti-thèse sublime « qui fait passer ces gruaux du corps » des animaux au corps des Monarques ; des milliers » d'hommes réduits à brouter, ou tués par cette » Ordonnance du Prévôt de Paris (& non pas du » Gouvernement, comme le dit M. Cadet,) » tout cela est de son crû ; à moins que son Confrère, M. Parmentier, ne veuille réclamer la propriété de ce morceau, pour avoir extrait, p. 45, ce qui en est dit dans le *Traité des grains*.

Au reste, on accorderoit aisément à ces Messieurs, que la *Boulangerie* peut avoir besoin d'un Chimiste,

cessaire pour former un Docteur en Meûnerie & Boulangerie, & pour *perfectionner ces arts*, comme le dit ici expressément l'Orateur modeste.

pour analyser les eaux & les farines qu'emploie le Boulanger ; pour déterminer le dégré de fermentation, de cuisson, d'évaporation, la quantité d'air & d'eau entrés dans le pain pendant le pétrissage, &c. Toutes ces belles choses sont en effet du ressort de la Chimie (1), mais nous ne pouvons accorder à M. Cadet, que la *Meûnerie* ne puisse se passer de Chimistes pour guider les Meûniers. Car, en vérité,

---

(1) Mon Compère assure cependant que les Boulangers qui font de si excellens pains de toutes sortes, ne sont pas plus Chimistes que les Pâtissiers qui font de bons gâteaux, & les Cuisiniers qui font de si bonnes sauces & des ragoûts si délicats pour chatouiller le palais des gourmands, sans savoir un mot de Chimie.

Au surplus, si l'on veut absolument que la Chimie soit indispensable en Meûnerie & en Boulangerie, on peut recourir au dernier Chapitre qui forme le sixième volume *in-octavo* du grand *Traité des grains*; on y trouvera toute la doctrine chimique sur la nature du corps farineux & ses principes constituans ; sur les plantes qui le fournissent ; sur l'analyse chimique de la farine, & les substances muqueuse, sucrée, glutineuse & amylacée qu'elle contient ; sur les causes physiques de son altération; sur les moyens de la conserver pour en faire un objet de commerce maritime ; sur les gruaux & les pâtes qu'on en fait ; sur la nature & les usages du son & des issues, &c. C'est là que les erreurs chimiques de M. Parmentier sont exposées dans tout leur jour, avec tant de clarté & de méthode, qu'il n'a jamais pu y répondre. Il a trouvé plus commode d'extraire toute cette partie du *Traité des grains*, pour en faire (sans le citer) plusieurs Ouvrages à lui, notamment son *Traité des végétaux nourrissans ;* on peut les comparer.

on ne voit aucun rapport entre le jeu d'une machine compliquée, comme celle d'un moulin économique, & l'analyse des corps naturels qui est du ressort de la Chimie. Il est peut-être le premier depuis la création, qui ait soutenu qu'il faut être Chimiste pour être bon Meûnier. Pour moi je crois fermement que l'art de la Meûnerie a plus besoin de bons Charpentiers-Mécaniciens, de Mathématiciens mêmes, pour combiner le jeu des pièces, &c. que de Chimistes, inutiles raisonneurs, qui ignorent ce que c'est que machines, calculs, forces combinées, &c.

L'Orateur vient ensuite aux *avantages* de la mouture économique, qu'il n'a encore ni définie ni expliquée : il ne fait qu'extraire, comme il peut, ce qui en est dit dans le *Traité des grains*, & ce que j'en ai publié moi-même dans une petite Brochure imprimée à Dijon, il y a 14 à 15 ans, sous le titre de *Mémoires sur les avantages de la mouture économique, & du commerce des farines en détail*, *in-8°. Dijon. Frantin, 1769*. « On ignore, dit M. Cadet, p. 84, le nom » de l'Inventeur de la mouture économique. La » *Statue* de ce Bienfaiteur de l'humanité, devroit être » *placée à côté de celles de Titus & de Louis XII*, » &c. (1)

---

(1) La suite de cette *tirade* est trop brillante pour en ôter le plaisir au Lecteur ; elle a dû coûter trop de peines à l'Auteur pour ne pas lui donner le plaisir de la relire encore. « *Ce qu'il y* » *a d'étonnant*, pages 84 & 85, c'est qu'il faille invoquer une » loi pour établir la mouture économique, que sollicitent tout-à-

Ce seroit en effet beaucoup honorer de *simples Meûniers*; car on a déjà observé plus haut qu'il

---

» la-fois l'intérêt particulier & l'intérêt général. Ce qu'*il y a* » *d'étonnant*, c'est que ce riche propriétaire qui, enthousiasmé » des sciences & enorgueilli de les cultiver, *s'en va couvrant de* » *charbon la mouffle sous laquelle évapore le diamant; foulant le* » *piston* d'une machine Pneumatique; *chargeant* la bouteille de » Leyde de matière électrique; *étouffant* les animaux dans l'air » méphitique; que ce riche propriétaire, dis-je, s'en *retourne* » *froidement* dans ses terres; que, convaincu des désavantages de » la mouture rustique, il la laisse subsister, & qu'*il voye avec in-* » *différence le Paysan revenir du moulin chargé de plus de son* » *que de farine*, ayant eu à supporter de forts déchets, & *rem-* » *portant la haîne contre le Meûnier, le moulin & son Sei-* » *gneur, &c.* »

Ce qu'il y a de vrai dans cette déclamation, c'est l'art facile avec lequel l'Orateur met en contraste des choses bien singulières; comme la *mouffle du Seigneur sous laquelle évapore le diamant, avec le sac du Paysan rempli de son, &c.* Dans le fait, le Paysan ne remporte pas plus de son que de farine, parce qu'il mange tout & ne tamise pas dans plusieurs Pays; & qu'ainsi il se fâcheroit plus contre la mouture économique que contre celle où il fait moudre grossièrement son grain, parce que la première est plus chère & moins expéditive. La mouture économique ne peut en effet tirer du grain que ce qui y est. Or, dans la plûpart des Provinces, le Paysan mangeant son *pain à tout*, farine, recoupes & son, n'essuie aucune perte à cet égard, si ce n'est celle d'une farine mal travaillée par les moutures grossières; ce que M. Cadet n'a dit ni observé. Mais en récompense ce passage est d'une éloquence sublime, dont mon Compère fait un compliment bien véritable à l'Auteur. Il admire en silence la suite de ce morceau véritablement pathétique & rempli de figures.

n'y a que des Meûniers qui peuvent avoir *perfectionné* la mouture rustique, dont l'économique est la fille aînée. Cette découverte, dont nos Professeurs voudroient connoître l'Inventeur, pour le mettre entre *Titus* & *Louis XII*, n'est & ne peut être en effet que le résultat de plusieurs connoissances acquises successivement dans les procédés grossiers de la mouture rustique, dans la combinaison des bluteaux, dans le remoulage des parties du grain qui étoient restées entières après le premier moulage, enfin, dans un r'habillage de meules, plus fin, plus approprié à la petitesse des gruaux ou parties du grain qu'on vouloit remoudre. Il est évident que tout cela n'a pu être fait que par des Meûniers, & que jamais des Chimistes & des Apothicaires, quelque éloquens qu'ils soient, ni même des Boulangers, ne l'auroient pû imaginer.

Ce n'est donc qu'à des Meûniers qui *vouloient tirer à blanc* avec moins de perte que dans la *méthode rustique*, qu'on peut attribuer la mouture perfectionnée, appelée depuis *économique*. C'est lorsque la *blancheur* a commencé d'être regardée comme la première qualité du pain, que le desir de perfectionner la *blancheur des farines* pour le commerce de la Capitale, a nécessité, pour ainsi dire, la découverte de la mouture économique. M. Malouin en fait honneur à un des Ancêtres des sieurs Pigeault, célèbres Meûniers de Senlis. Je tiens de mes Parens, qui exercoient comme moi la profession de Meûnier de père en fils, dans les moulins de l'Isle-Adam, Valmondois & environs, que, suivant des traditions de famille, la mouture économique avoit pris naissance dans les moulins de leur canton, comme à Beaumont, Chamblis, Senlis, &c. il y a environ un siècle; qu'on la nommoit *mouture à blanc*, pour la distinguer de la mouture *rustique*; qu'elle s'est insensiblement perfectionnée, à cause du débit assuré aux Halles de Paris, & Marchés de Montmorency, &c. Elle étoit concentrée dans le petit cercle des habiles Meûniers, qui en tiroient parti, lorsqu'elle fut dénoncée au Gouvernement vers 1760, comme une découverte utile. Mais elle étoit alors bien peu avancée, comme je l'ai démontré dans les *Mémoires manuscrits* que j'ai adressés au Gouvernement, dans l'intervalle de 1762 à 1775; intervalle de ma vie qui a été entièrement consacré à perfectionner & à répandre par tout cette excellente méthode, *sur laquelle vous débitez, Messieurs, tant de belles choses, sans parler de ceux qui les ont faites.* (1)

(1) Si ces Messieurs pensent qu'il faudroit élever une statue entre *Titus* & *Louis XII*, au *Meûnier* qui a *inventé* la mouture économique, ne doivent ils rien au *Meûnier* qui l'a *perfectionnée*, comme ils le savent très-bien? Pouvoient-ils ignorer que c'est par mes soins & à force de courage que le nouvel art de moudre les grains par économie, art qu'ils avouent pouvoir *augmenter d'un tiers le produit des grains*, s'est propagé dans les Provinces? Que c'est par le zèle d'un seul Artiste, qui a sacrifié ses jours & sa fortune à lutter contre l'orage, que cette mouture a été établie à Lyon, à Dijon, à Paris, à Troyes, en Guyenne, en Gâtinois, en Poitou, en Normandie, & même en

On a pu s'appercevoir juſqu'ici, que les Auteurs de la merveilleuſe Brochure que j'analyſe mieux qu'un Journaliſte, offrent en moins de 99 pages in-douze, tous les objets de l'économie des Villes & de la Campagne, leur Hiſtoire ancienne & moderne; qu'en-

---

Picardie, où ces Meſſieurs vont mendier les mêmes éloges qu'il y a reçus il y a une quinzaine d'années? Que ce même Artiſte, malgré ſes voyages pour la propagation du nouvel art, & les tracaſſeries qu'il eſſuyoit ſans ceſſe à ce ſujet, a encore eu le bonheur de bonifier la mouture de l'Hôpital-Général de Paris, au point d'économiſer peut-être 40 à 50 mille livres par an, épargne dont on a les preuves par écrit? Pouvoient-ils l'ignorer, puiſqu'ils ont eu connoiſſance des *Mémoires* que j'ai imprimés à Dijon en 1767 & 1769, ainſi que de tous les écrits de M. l'Abbé Baudeau, & du *Traité des grains*, où l'hiſtorique de tous ces faits eſt traité avec le plus grand détail? Ne devoient-ils rien à la reconnoiſſance pour les Écrivains habiles qui leur ont préparé d'avance tous les matériaux avec leſquels ils pourront donner commodément des Leçons pendant un demi-ſiècle? Ne devoient-ils rien à la reconnoiſſance pour le zèle des Miniſtres, des Magiſtrats & des Perſonnes qui étoient en place pour lors, & qui encourageoient & protégeoient cette œuvre de bienfaiſance? Pourquoi donc ne rien dire de tous ces faits publics qui retomberont un jour ſur eux-mêmes, comme pièces de conviction du plagiat le plus étonnant qu'on ait encore vû dans l'empire des Lettres & dans un Gouvernement policé? Au reſte, l'oubli où ces Meſſieurs croyent enſevelir mes travaux n'eſt pas une punition bien grave; & je me conſole aiſément d'avoir ſemé le champ où ils moiſſonnent avec tant de facilité, ſi en ſuivant mon exemple & mes préceptes ils perfectionnent autant les arts qu'ils veulent enſeigner, que je leur ai vû faire de progrès depuis 20 ans.

ſin cette *follicule Chimico-Économique*, eſt un Traité complet de ce qu'il faut ſavoir, pour ne rien ſavoir des Arts qu'ils veulent enſeigner. Quelle différence ſi on liſoit aux Meûniers & aux Boulangers la table raiſonnée du *Traité général des grains*, inſérée dans la préface du *Manuel du Meûnier* ! Les deux Diſcours de ces Meſſieurs ſemblent en effet calqués ſur cette Table des matières. Mais continuons d'examiner les *avantages* de la mouture économique préſentés par M. Cadet.

« Le Payſan, p. 86, qui n'a de grains que pour » ſix mois, en aura pour l'année, s'il eſt libre de » recourir à la mouture économique, qui *tierce*, (il » falloit qui *double*) les produits, ſi ſur-tout la bannalité eſt détruite. » On a dejà remarqué que la mouture économique ne tierce pas pour le Payſan, parce qu'il mange farine, recoupes & ſon dans ſon pain noir, & qu'il n'y gagneroit (ce qui eſt beaucoup) que d'avoir de meilleur pain, qui foiſonneroit bien davantage, ſi les farines étoient mieux fabriquées & plus dilatées. A l'égard des inconvéniens de la *Bannalité*, & des *Droits Cenſaux & Seigneuriaux abuſifs*, voyez l'Article V, Chapitre VII, des *Réglemens de la Meûnerie*, au grand *Traité des grains*, Tom. 2, pag. 467 ; ce Chapitre contient un Corps de Juriſprudence ſur toutes les queſtions relatives à la Meûnerie : ces Meſſieurs ne manqueront pas d'en faire un jour un Livre, ſous le titre de *Légiſla-*

tion de la Meûnerie & de la Boulangerie ; on croit pouvoir l'annoncer d'avance au public, par l'exactitude de MM. Parmentier & Cadet à refondre en petites Brochures analogues, tout ce qui est imprimé dans le *Traité des grains & de la mouture économique* : malheureusement la troisième Partie n'en est pas encore imprimée, & c'est la cause du retard que M. Parmentier apporte à la publication de son Livre de la *Législation du pain.*

« Si la mouture économique, continue M. Cadet,
» (pag. 86 & 87) étoit ordonnée, l'industrie perfec-
» tionneroit la construction des *moulins-pédales* du
» sieur Berthelot, qui viennent d'être établis à Bi-
» cêtre, nouveau bienfait d'un Magistrat dont
» l'humanité a dès long-temps consacré le nom, &c.

Je réunis ici ma foible voix à celle des Professeurs, pour louer l'humanité & la bienfaisance du Magistrat respectable sans cesse occupé du bonheur & de la sûreté publique, de l'abondance, de la facilité & de la bonne qualité des alimens journaliers, dans une Ville immense, dont la population égale ou surpasse celle de plusieurs Provinces. Le détail de tous les Etablissemens utiles, faits à Paris par ses ordres, fera bien mieux & plus éloquemment son éloge, que tous ces Discours de Rhéteurs qui chantent toujours le Magistrat régnant. Quant aux *moulins-pédales*, dont M. Cadet annonce l'établissement & les avantages, l'essai en a été trop cher & trop coûteux, pour conseiller aux Économes & aux Administrations de s'en pourvoir (1). On peut dire la vérité, sans crainte d'offenser le Magistrat qui l'aime & qui la cherche. Son intention est pure, il cherche le bien, & il fait plus

(1) Les *Moulins-pédales*, dont les Journaux ont fait tant d'éloges, ont si peu réussi, qu'il a fallu les démolir, parce qu'indépendamment de ce qu'ils ont coûté, ils ne rapportoient pas leurs frais, malgré la main-d'œuvre presque gratuite à Bicêtre, & sans parler de la perte sur la qualité des farines. Sans doute il seroit à souhaiter qu'on pût perfectionner les moulins-pédales du sieur Berthelot, les moulins à balancier du sieur Arnoux, l'un des plus habiles Mécaniciens de Paris; les moulins à bras, à manége & autres machines propres à broyer les grains, dont il a été parlé dans le *Traité des grains & de la mouture économique*, sur-tout dans le *Discours* qui est à la tête. Mais l'insuffisance de toutes ces machines pour remplacer les moulins à eau ou à vent, prouve sans réplique ce que j'ai dit plus haut, que l'art de la Meûnerie a plus besoin de bons Mécaniciens que de Chimistes, quoiqu'en disent nos Apothicaires, parce que la science du Meûnier consiste principalement dans la conduite & le jeu libre de ces machines, aussi compliquées qu'industrieuses.

La perfection des *moulins-pédales*, s'ils en étoient susceptibles, eût été bien intéressante pour nos Professeurs, parce que, comme ils le disent, p. 89, *ils auroient pu réunir dans un seul & même lieu, les Magasins, le Moulin, la Boulangerie & l'École*. Mais les essais de ces moulins faits à Bicêtre & à l'Hôpital, n'ont pas réussi, malgré les soins & l'intérêt que le sieur Brocq avoit d'en tirer tout le parti possible. Il reste à savoir si un bon Meûnier, habile Mécanicien, n'eût pas mieux réussi. Le sieur Brocq s'en est excusé en me disant que ce mauvais succès venoit de ce que l'Hôpital avoit ses moulins & ses Meûniers. Mais puisqu'il pouvoit

de gré à celui qui démontre les inconvéniens d'un établiſſement propoſé, qu'à celui qui s'expoſe à tromper les vûes bienfaiſantes qui l'animent.

Il ſeroit à ſouhaiter, j'en conviens ſans peine avec M. Cadet, pag. 89, que le Fermier, le Payſan, l'Artiſan des Villes, puiſſent avoir chez eux leur *moulin à grain*, comme les Riches ont le *moulin à café*; mais il faudroit en même-temps ſuppoſer que tout le monde ſût la bonne mouture; car les moulins à bras ou à machines ne ſeront jamais bons que pour concaſſer le grain, le broyer groſſièrement, & pour ôter le gros ſon, qui ſortiroit toujours trop gras; *conſéquemment perte de grain*, *mauvais pain &c. &c.* Il faut donc qu'il y ait des Meûniers par état, & que chacun faſſe ſon métier, pour que, &c. Il y a aſſez d'eau, de vent & de place, pour fournir tous les moulins néceſſaires à la ſubſiſtance du peuple; en plaçant de bons Meûniers, & des moulins économiques bien faits, ſuivant les proportions & les règles que j'ai tracées dans le *Manuel du Meûnier*, avec des figures, pour en faciliter l'intelligence, le rapport & les meſures aux habiles Charpentiers qui voudront en conſtruire de ſemblables. Mais diſons encore que quand la mouture économique ſera aſſez répandue, & ſes procédés aſſez connus; que quand il ſe ſera établi

avoir ſes moulins portatifs avec ſes Maîtres de Meûnerie à ſa diſpoſition, il pouvoit faire ſes expériences ſans le ſecours des moulins & des Meûniers de l'Hôpital.

des Marchands de farine dans les Villes, Bourgs & gros Villages, qui auront de petits magasins bien fournis de farines de toutes qualités ; & quand ces Fariniers profiteront de la bonne eau & du bon vent, pour s'approvisionner à propos, &c. le public trouvera toujours de quoi se substanter, pour peu d'argent qu'il ait, & cessera de *crier famine sur des tas de bled*, comme l'a dit l'*Auteur du Discours* sur la mouture économique, envoyé à Lyon en 1769, d'où ces Messieurs ont tirée, sans le citer, leur *fleur de farine & de doctrine* (1).

---

(1) J'ai toujours regardé ce *commerce des farines en détail* comme le bien & l'avantage du Peuple. Aussi ai-je proposé sans cesse au Gouvernement, depuis 20 ans, d'étendre partout ce commerce de détail en le protégeant & le favorisant. Les vûes que je proposai à cet égard dans des *Mémoires imprimés à Dijon en* 1769, furent adoptées par les États de Bourgogne assemblés cette année, qui accordèrent une gratification pour l'approvisionnement & l'entretien de ces magasins de détail. Ces magasins sont utiles au pauvre Peuple, qui fait lui-même ses 21 onces de pain au ; moins, s'il n'a le moyen que de payer une livre de farine, il est sûr par là de n'être trompé ni par le Meûnier ni par le Boulanger, puisqu'il achète au poids & qu'il fabrique lui-même. Les divers établissemens que j'ai faits en différentes villes m'ont convaincu de plus en plus de l'utilité de ce commerce des farines par détail. J'étois dernièrement à Soissons, où je trouvai quantité de ces Fariniers en gros & en détail, & conséquemment tous les moulins bien occupés sans aucun chommage ; ce qui n'étoit pas de même en 1764, lorsque j'y montai un moulin économique dans les terres de M. le Marquis de Puiségur.

« *Maintenant*, (p. 89), *arrêtons-nous sur l'art de la*
» *Boulangerie*, qui consiste à convertir la farine en
» pain, conversion qu'opère le concours de l'eau &
» du levain, dont l'effet est d'exciter une fermenta-
» tion qu'on suspend par la cuisson. Les moyens sont
» simples, mais l'*art* est *difficile*, &c. ». Il étoit temps, sans doute, d'en venir à la fin au but, à l'objet de l'Ecole & des leçons de *cet art difficile*, dont cependant M. Parmentier est parvenu à *poser les bornes*, p. 63, sans l'avoir jamais exercé. On passe de-là à une courte analyse des principes de la farine, dont l'un est soluble dans l'eau, attire l'humidité de l'air; l'autre, (*l'amidon*) est la *siccité même*, quoiqu'indissoluble à l'eau, &c. On peut objecter que les Blanchisseuses, qui font de la colle & de l'empois avec l'*amidon pur*, ne le regardent pas comme une *siccité indissoluble à l'eau*, puisqu'il s'y dissout au point de former un nouveau composé glutineux, où l'amidon est entièrement détruit & changé, &c. (1).

---

(1) *L'analyse légère de la farine* que l'Auteur, quoique Chimiste & Pharmacien, donne à la page 89, est si *légère* en effet qu'on n'y peut rien comprendre; & les conséquences qu'il en tire sont si extraordinaires, qu'il vaut mieux citer le texte original, afin que les Lecteurs tâchent de le comprendre par eux-mêmes, & ensuite de le croire s'ils le peuvent en sûreté de conscience. Voici le passage entier; mais on en trouvera le commentaire dans le dernier Chapitre du *Traité des grains*, ce qui nous dispensera de plus amples explications.

« La *farine*, pages 89 & 90, est composée d'amidon, de mu-

La ſuite de cette théorie de M. Cadet, eſt que l'eau doit être toujours employée froide, afin d'em-

---

» queux ſucré, de la matière glutineuſe, d'une *écorce* à laquelle » on donne le nom de *ſon*, & qui contient une partie extractive. » Nous ſavions bien que le grain de froment avoit deux peaux & une cuticule qui enveloppent le germe & la ſubſtance farineuſe; mais nous ignorions que la *farine eût une écorce*: il falloit expliquer auſſi ce que c'eſt qu'amidon, muqueux ſucré & matière glutineuſe; ſans cela, l'analyſe de M. Cadet n'eſt plus qu'une définition obſcure & incompréhenſible.

« L'année, la Province, le Canton mettent de la différence » dans le rapport de ces *principes*, déjà ſi différens entre-eux; » l'un attire l'humidité de l'air, l'autre eſt la *ſiccité même*; celui-» ci eſt indiſſoluble, celui-là eſt de la plus grande ſolubilité. » L'*amidon* réſiſte à la fermentation, tandis que le *ſon* y paſſe » avec une facilité étonnante. » On a dit dans la définition que la farine étoit compoſée d'*amidon*, de *muqueux ſucré*, de *matière glutineuſe*, de *ſon* & d'une *partie extractive*. On ne parle ici que de *deux principes*, dont l'un attire l'humidité & eſt ſoluble, l'autre eſt la ſiccité même, & eſt indiſſoluble. Il falloit au moins nommer ces deux principes ſi oppoſés, & les indiquer parmi les *cinq principes* contenus dans la définition. Au reſte, l'amidon n'eſt pas indiſſoluble, comme le croit M. Cadet, il ne l'eſt qu'à l'eau froide. Le ſon, qui n'eſt qu'une peau & ſurpeau, ne paſſe pas à la fermentation; c'eſt la matière glutineuſe qui y eſt adhérente, &c. &c.

« Mais, par quelle fatalité les *procédés* dans la fabrication du » pain ne *varient-ils preſque jamais*, lorſque la *farine varie ſi* » *conſtamment?* Non-ſeulement les ſaiſons changent, mais la tem-» pérature de la même ſaiſon change à tout moment; cependant » c'eſt preſque toujours la même manutention, & c'eſt ſurtout

pêcher l'*évaporation du Gas*, que donne la fermentation panaire, & qu'on doit conserver. Il ajoute à la même page 90, que l'*eau*, *cet agent de la fermentation*, *n'influe en rien sur la mauvaise qualité du pain.* Ces conséquences fort extraordinaires, avoient besoin

---

» de l'eau chaude qu'on emploie. » On ne peut pas dire que la farine *varie constamment.* Les farines de différens crûs diffèrent entre-elles, mais elles ne *varient point.* Au contraire, les *procédés* dans la fabrication du pain *varient toujours;* parce que deux Boulangers ne peuvent jamais employer la même farine, le même levain, la même eau, la même force, la même intelligence, la même cuisson, &c. au même degré: ainsi la manutention varie constamment & nécessairement, quoiqu'en dise M. Cadet; & c'est de-là que vient la diversité des produits de l'art, tandis que la farine employée ne varie point.

« Ce seroit ici le moment de parler de toutes les inculpations » qu'on s'est permises contre l'*eau*, *cet agent de la fermentation;* » c'est toujours l'eau qu'on accuse de la mauvaise qualité du » pain, & *l'eau n'y influe en rien.* » L'eau n'est point l'*agent* de la fermentation, c'est la *chaleur*; & c'est sans doute pour cela qu'on emploie de l'eau chaude, quoique M. Cadet en proscrive l'usage; c'est aussi afin de faciliter la solubilité de l'amidon qui n'est pas soluble à l'eau froide. C'est à l'expérience à prouver que la *mauvaise qualité de l'eau n'influe en rien sur celle du pain.* Comme l'eau fait partie constituante du pain, les Boulangers avoient cru jusqu'ici que les eaux crues, séléniteuses, chargées de principes hétérogènes ne valoient pas les eaux courantes, aërées, légères & limpides. M. Cadet assure le contraire, fondé sur le témoignage & la science de M. Brocq; mais ce n'est pas une preuve physique.

de prémices bien évidentes pour être admiſes ; cependant elles ne tiennent abſolument par aucun point à l'*analyſe légère de la farine*, que venoit de donner M. Cadet. Au ſurplus, c'eſt la chaleur qui eſt le véritable agent de la fermentation, & non pas l'eau, qui n'en eſt que le véhicule en qualité de diſſolvant ; c'eſt pour faciliter la ſolubilité de tous les principes de la farine, & ſur-tout de l'amidon inſoluble en froid, qu'on emploie l'eau plus ou moins chaude, ſuivant la température de la ſaiſon, & les qualités des farines plus ou moins dures, revêches, &c. L'eau crûe, dure, ſéléniteuſe, ſaumâtre, peſante, chargée de parties calcaires ou alkalines qu'elle tient en diſſolution, influera néceſſairement ſur la mauvaiſe qualité du pain, dont elle devient, par le pétriſſage & la cuiſſon, partie conſtituante; & il eſt étonnant de voir aujourd'hui aſſurer le contraire par des Chimiſtes, qui ont *poſé les bornes* de la Boulangerie qu'ils profeſſent. M. Parmentier avoit atteſté, dans ſon *Avis aux bonnes Ménagères*, qu'on faiſoit du bon pain de tout bled, même avec les mauvaiſes graines qui y étoient mêlées. Ici ſon Collégue aſſure que les mauvaiſes qualités de l'eau n'influent en rien ſur la bonté du pain. Ainſi, & à ce compte, on ſeroit ſûr d'avoir toujours & dans tous les cas, de bon pain avec de mauvais grains & de mauvaiſes eaux, ſi l'on poſſédoit le ſecret de M. Brocq.

Mais M. Cadet ne cite point ce merveilleux ſecret; il ſe contente de dire, pag. 91, « que ſous

» l'administration de M. de Sartines, le sieur Brocq » a fait d'excellent pain avec des farines inférieures, » dont la Capitale étoit alors approvisionnée ; *change- » ment heureux que la manutention seule avoit opéré.* » C'est bien cette manutention dont il falloit nous donner la recette ; car nous ne pensons pas qu'aucun Boulanger parvienne jamais à faire comme ces Messieurs, de bon pain blanc, nourrissant, savoureux, avec de mauvaises farines & de mauvaises eaux, ni avec de l'amidon, de la pomme de terre, du pied de veau, ou du marron d'Inde. On doit néanmoins observer que M. de Sartines, qui étoit alors en place, étoit trop habile Magistrat, Citoyen trop zélé, pour n'avoir pas profité des lumières du sieur Brocq, en faisant convoquer le Corps des Boulangers, qui avoient le même intérêt de faire de bon pain avec des farines inférieures, pour leur communiquer le secret de leur Confrère ; il en auroit ordonné l'impression, pour faire jouir tout le Royaume de ce bienfait : le sieur Brocq auroit commis un crime de lèze-humanité, en refusant de donner sa recette. Il est vrai qu'il auroit pu faire une fortune immense, en achetant des farines inférieures à bas prix pour en faire d'excellent pain, qu'il auroit ensuite fait vendre au pair du prix des pains de première qualité ; mais il est trop bon Patriote, pour n'avoir pas fait le sacrifice de son intérêt personnel à celui du Public ; & nous aimons mieux croire que s'il ne l'a pas fait, c'est qu'il ne l'a pas pu.

L'Auteur continue de prouver la possibilité de faire

de bon pain avec des farines médiocres ou inférieures ; par la révolution que le sieur Brocq a opérée à *Scipion* ; Maison où est la Boulangerie de l'Hôpital-Général de Paris (1). « On ne peut pas se figurer, dit-il,

(1) Les Lecteurs indulgens me pardonneront sans doute un moment de chaleur & de vivacité, quand ils sauront que je suis personnellement inculpé, ainsi que les miens, dans l'Historique que fait M. Cadet de la *Révolution arrivée à Scipion*. C'est la cause & le motif principal de ma réponse à cette Brochure. Ces Messieurs pouvoient s'emparer à leur aise de tout ce qui a été dit, écrit & imprimé d'après les Mémoires que j'ai fournis au Gouvernement sur la conservation & le commerce des grains & des farines ; sur le nouvel art de moudre les bleds par économie ; sur la construction & la perfection des moulins économiques ; sur la mouture des pauvres, dite à la *Lyonnoise*, parce que j'en ai fait les premiers essais à Lyon, & ensuite à l'Hôpital Général de Paris ; parce que c'est la vraie mouture des Hôpitaux & des Maisons de Charité, pour faire le *pain des Pauvres*, qui, à la blancheur près, est infiniment préférable, pour le goût & la nourriture, au pain des riches ; ces Messieurs, dis-je, peuvent profiter de mes découvertes & de mes travaux, mais non pas m'ôter l'honneur d'avoir fait le bien des Pauvres. J'étois chargé des moutures de l'Hôpital Général, dont j'ai fait monter tous les moulins par économie. Le sieur Roland, mon gendre, qui m'a succédé dans cet emploi, gouverne les moulins & y fait moudre les grains suivant la mouture économique ; le sieur Bricoteau, l'un des Boulangers les plus intelligens, avoit l'inspection de la Boulangerie avant le sieur Brocq ; & c'est cette Régie que M. Cadet attaque dans son Discours, en disant que la mauvaise mouture & le mauvais pain d'alors étoient la cause des révoltes fréquentes de Bicêtre & de l'Hôpital Général ; mais que depuis que le sieur

» p. 92, l'*infériorité du pain* que consommoient les
» Hôpitaux. Les *révoltes* fréquentes qui avoient pré-
» cédemment lieu à Bicêtre & à l'Hôpital-Général,
» n'ont jamais eu, *sinon d'autres causes*, au moins
» d'autres *prétextes*. *Voilà le pain*; c'étoit le mot
» du ralliement : & en le voyant, l'autorité s'est
» quelquefois crue obligée de fléchir; cependant, il
» n'est pas possible d'avoir des bleds plus beaux
» que ceux que se procure l'Administration. Le *vice*
» ne pouvoit conséquemment venir que de la *mou-*
» *ture* ou de la *fabrication*; & malheureusement
» l'une & l'autre y contribuoient également. *Si le*
» *Meûnier ne connoissoit que la mouture à la grosse*,
» *le Boulanger n'employoit que des levains vieux*.
» S'il entroit beaucoup de son dans la farine, en
» revanche il restoit beaucoup de farine dans le son;

Brocq a cette inspection, on ne trouve qu'un seul défaut dans la régie, c'est que le *pain des Pauvres est trop bon*, p. 94. J'étois donc forcé malgré moi de relever cette assertion, également fausse & injurieuse. J'ai profité de l'occasion pour réfuter toutes les erreurs de MM. Parmentier, Cadet & Brocq en Meûnerie & en Boulangerie, afin de rendre en mêm-temps ma justification utile au Public. Sans cela, il m'eût suffit de renvoyer au grand Traité des grains & de la mouture par économie, *tom. I.* in-4°. *Discours préliminaire, p.* 81-115. & *tom.* 2. *Ch.* 6. *p.* 290-342, où l'établissement de la mouture par économie dans les moulins de l'Hôpital Général, & les essais faits pour parvenir au degré de mouture propre à faire le pain des Pauvres, sont racontés avec le plus grand détail & avec la citation des pièces justificatives.

» & les animaux nourris de pareilles *issues*, par
» cet échange singulier s'engraissoient aux dépens de
» l'homme.

Voilà des inculpations graves dans un Discours public, imprimé & répandu avec profusion; car ces Messieurs donnent leurs Livres quand on ne les achette pas, pour se faire des prosélytes. Ces inculpations accusent l'ancienne Administration de l'Hôpital, & même les Magistrats, d'une négligence qui occasionnoit des révoltes, auxquelles ils auroient pu aisément remédier; elles attaquent la mémoire du sieur Bricoteau, Chef de la Boulangerie de *Scipion*, pour n'avoir employé que des *levains vieux*; mais leur poids tombe principalement sur moi, qui étois alors chargé des moutures de l'Hôpital, & sur mon Gendre qui m'a succédé. C'est aux Magistrats à venger la vérité des insultes d'un Écrivain qui n'est pas même au fait de la matière qu'il traite, & qui s'en prend à l'Administration même, quelquefois obligée, dit-il, de fléchir dans les révoltes, en voyant le pain des Pauvres. Je n'ai rien à dire non plus pour la défense du Chef de la Boulangerie, qui, de l'aveu de l'Administration, a bien servi l'Hôpital (1). Il suffiroit

(1) Le reproche capital que M. Cadet, aussi bon Boulanger que bon Orateur, fait à l'ancien Boulanger de Scipion, c'est d'avoir employé des *levains vieux*. Ces Messieurs crient sans cesse, *levain jeune pour faire de bon pain*. Mais nous croyons, dit le Compère, qu'un levain jeune est comme un impubère qu un

d'ailleurs pour le justifier, de comparer les *produits* sur les Etats qu'il rendoit tous les mois, avec les produits actuels sous la Régie du sieur Brocq, qui n'emploie que des *levains jeunes*.

Je n'ai donc à me défendre que sur la mouture, qui étoit *viciée* ou *vicieuse*, suivant M. Cadet; mais est-ce lui, ou le sieur Brocq, qui n'y connoissent rien, pas même d'après la *Théorie de cet Art*, publiée sur mes Mémoires par ordre exprès du Gouvernement, qui a fait les frais de tous ces Ouvrages? est-ce la Science du Pharmacien & du Boulanger, qui auroit remédié aux vices des moulins & de la mouture, pour opérer la révolution dont ils se flattent? Non; mais il falloit des *préextes* à ces Messieurs, pour placer un autre Meûnier dans les moulins de l'Hôpital; & le moyen de déplacer celui qui en est actuellement chargé, est assez adroit. Mais le Meûnier actuel est très-connu pour bien savoir son état;

---

jeune homme qui n'est pas encore dans toute la force de son tempérament, & qu'un levain vieux est un homme âgé & décrépite. Les levains *jeunes* sont trop *verds*; les *vieux* sont *passés*. faut les choisir à leur *point*, parce qu'alors ils ressemblent à un homme dans sa pleine vigueur. Ainsi le *vrai mot*, celui employé par tout Garçon Boulanger, est un *levain dans son apprêt*. La longue expérience du sieur Bricoteau, excellent Boulanger, valoit bien la verte jeunesse du sieur Brocq, pour prendre les levains dans leur apprêt: nos Chimistes, qui ont posé les bornes de l'art, n'ont cependant point encore trouvé de thermomètre propre à graduer la fermentation, & il n'y a que la pratique qui puisse enseigner à prendre les *levains à leur point*.

il a été en trop bonne (1) Ecole, pour en ignorer les moindres détails ; l'Administration, qui sait combien il a été utile dans la construction des moulins

---

(1) Cette École, Messieurs, c'est la mienne, qui, sans fatuité, vaut bien la vôtre *sur le fait de la Meûnerie*. Pour décider nos prétentions respectives à cet égard, il n'y auroit qu'à vous donner un moulin à construire d'après votre théorie, ou si vous voulez d'après celle tracée sur mes plans & dessins dans le deuxième vol. du *Traité des grains & de la mouture économique*. J'en ferois construire un de mon côté ; alors les essais & les produits comparés serviront à juger la question. Mais cette expérience majeure devroit se faire aux frais du Gouvernement, parce que toute l'utilité en reviendroit au Public.

Vous avez dit quelque part, je crois dans le Journal de Paris du 4 Août dernier, qu'il ne restoit *presque rien à faire dans la mouture* : je le pense ; & même *rien du tout*, si on la pratiquoit de la manière enseignée au *Traité des grains* & dans le *Manuel du Meûnier*. Mais il n'en est pas de même de la *méchanique dans la construction des moulins*. C'est à cette partie essentielle de notre Ouvrage que vous n'oserez jamais toucher, parce qu'il y faut autre chose que des mots & des fleurs de rhétorique. Vous conseillerez bien de mettre des *moulins-pédales* dans chaque maison ; mais vous ne les ferez pas marcher, & la disette de farines faute de moulins à eau, & par le chommage de ceux qui sont mal construits, n'en subsistera pas moins (sans parler des pertes qui se font dans les moulins mal montés & mal menés,) sur-tout dans les Provinces où le commerce des farines n'est pas encore établi, & où les moulins chomment tout l'été, même dans les hivers secs, parce qu'il faut trop d'eau à ces moulins, mal construits & mal placés pour les faire tourner. Ce défaut de connoissances dans la construction & le placement, est bien préjudiciable aux

de Corbeil, lui rendra la justice qui lui est dûe. Il est étonnant, & peut-être unique, qu'après la publicité des expériences que j'ai faites à l'Hôpital-Général, sous l'inspection de M. Duperron, l'un des Administrateurs les plus éclairés, pour y établir la mouture économique & celle des pauvres, dite à la Lyonnoise, expériences rapportées dans le plus grand détail, au second vol. *in*-4°. du *Traité des grains*, pag. 290 à 342; il est étonnant, dis-je, qu'après l'aveu de l'Administration elle-même dans ses comptes, qui

---

campagnes. Le remède à cet inconvénient général, qui expose à mourir de faim quand on a du bled dans son grenier, seroit préférable à vos moulins-pédales; & un habile Meûnier l'enseignera plutôt que des Chimistes.

Encore une fois, si vous ne voulez pas tenter l'essai proposé au commencement de cette note, que M. Brocq, l'Ingénieur & le Boulanger de votre École, choisisse un local à cent lieues de Paris, sur une rivière quelconque, pour y faire construire soit moulin de pied ferme, moulin pendant, moulin à bateau, &c. qu'il choisisse au hasard les Ouvriers du pays; qu'il leur donne d'après ses plans, ou seulement par des devis détaillés, toutes les proportions tant en bâtisse qu'en mécanique; qu'après cette construction il procède par lui-même à une mouture faite à perfection, tant en quantité qu'en qualité, bien authentiquée par procès-verbaux juridiques; & alors je croirai à la supériorité de votre École sur la mienne. De mon côté j'accepte pareil défi, pour la construction des fours & la fabrication du pain; mais ces fours ne seroient pas de la même construction que ceux que sieur Brocq a fait faire mal-à-propos à l'Hôpital : car M. le Roux, bon Boulanger, m'a assuré qu'ils consommoient environ un sixième de bois plus que les anciens.

établiſſent les bénéfices que la mouture économique a procurés à cette Maiſon, on ſoutienne aujourd'hui que les animaux s'engraiſſoient avec les iſſues aux dépens des Pauvres : on invoque contre cette calomnie le témoignage de l'Adminiſtration elle-même & celui de tous les Officiers de *Scipion*. Je ne vois point d'autre réponſe, à moins que de faire des *eſſais de comparaiſon* ; à quoi le Meûnier actuel conſentira volontiers, ſi le ſieur Brocq & M. Cadet veulent diriger eux-mêmes, ou par tel Meûnier qu'ils voudront, la mouture de ces eſſais, pour juger de la quantité & de la qualité des produits par comparaiſon.

« Mais, Meſſieurs, reprend M. Cadet, je vous » fais grâce des détails du mal, pour paſſer à ceux » du remède..... Aujourd'hui, le pain des Hôpi- » taux ne préſente qu'un ſeul inconvénient, *celui* » *d'être trop bon*, &c., p. 94 ». C'eſt ſans doute *trop beau* que vouloit dire l'Orateur, car jamais le pain ne ſauroit être *trop bon*. Mais il faut être bon Phyſicien ou bon Boulanger, pour ſentir ces diſtinctions. Le pain des Pauvres, le pain de munition, le pain bourgeois, le pain de ménage fait avec de bon bled, & du mêlange de toutes les farines bien fabriquées, bien maniées au pétrin & bien cuites au four, ſeront meilleurs que le pain des Riches fait de fine fleur de froment. Ce dernier l'emportera ſans doute, pour la blancheur, la forme & la légéreté, ſous un même volume ; mais ce fard extérieur ne fait rien à la bonté. Le bon pain de ménage, avec la qualité & la fabrication requises, l'emportera à son tour, comme étant plus nourrissant, plus odorant, plus savoureux, plus sed, c'est-à-dire ayant le goût de noisette, le goût de fruit; cet aliment plus substantiel se conservera frais plus long-temps, &c. Ce seroit donc en effet un inconvénient que le pain des Pauvres fût *trop beau*, *trop blanc*, parce qu'alors il ne seroit composé que de fleur de farine de bled, & conséquemment il coûteroit trop cher : &, de fait, il seroit moins bon, moins substantiel, moins nourrissant que le pain des Pauvres, fait du mêlange de toutes farines, comme je l'ai prouvé dans les essais de la mouture à la Lyonnoise. Voyez le *Traité des grains*, *in*-4°. tome 2. p. 329 & suivantes.

Qu'on ne nous dise donc plus que la révolution opérée à *Scipion*, par l'industrie de MM. Parmentier, Cadet & Brocq, dont le premier fournit la *Théorie*, le second la *Réthorique* & le troisième la *Main-d'œuvre* (1), n'a produit qu'un seul inconvénient, qui

(1) Tout habile que soit le sieur Brocq en Boulangerie, suivant ces MM. (car pour la Meûnerie nous ne pouvons en conscience lui accorder la supériorité sur nos Garçons Meûniers après six mois d'apprentissage) bien des gens qui s'y connoissent, & que nous ne connoissons pas, nous ont dit tout bas que le sieur Brocq avoit occasionné mal-à-propos des dépenses énormes à la Boulangerie de Scipion; qu'il y avoit culbuté & détruit des fours de la meilleure construction, pour en faire faire d'autres qui tiennent moins la chaleur, parce que les murailles, la voûte & les parois en sont

eſt de donner du *pain trop bon* pour les Pauvres, & de *familiariſer*, p. 95, *à un pain dont on ne pourroit pas toujours ſoutenir la bonté, un peuple de mécontens, fâché ſur-tout du ſoin qu'on prend malgré-lui de ſa nourriture, & qui aimeroit mieux y pourvoir par lui-même.* Au ſurplus, le remède à cet inconvénient ſera fort facile, car M. Cadet nous l'apprend, même page 95; « *mais ici*, dit-il, l'*amélio-*
» *ration* dépend moins de la *qualité des grains* que
» de la *fabrication*; mais ici c'eſt l'Art qui maîtriſe
» la nature, &c. ». Ainſi le ſieur Brocq, qui a le ſecret de faire du pain *trop bon* avec de mauvais grain, trouvera plus facilement encore le ſecret de faire du mauvais pain avec d'excellentes farines. Ainſi ſon Art merveilleux & ſes levains jeunes, l'ameneront bientôt à trouver un *pain médiocre*, qui ne ſoit ni *trop bon*, ni *trop mauvais*, tel enfin qu'il

---

plus légers & moins épais; au lieu que les anciens étant faits d'une bonne maſſe de maçonnerie, la chaleur concentrée s'y conſervoit bien plus long-temps, que par conſéquent ils *conſommoient un quart ou un cinquième* plus de bois que les anciens. Ces mêmes gens aſſurent auſſi que les *couches à pain* ſont contraires à la fermentation du pain bis, que c'eſt par cette raiſon que le ſieur Brocq le met par terre dans des pannetons, & qu'il n'a point fait conſtruire de *couches* à l'École : mais qu'il falloit du nouveau pour opérer une *Révolution* qui *promet* cent mille livres d'épargne à l'Hôpital, avec du pain trop bon pour les Pauvres; révolution qui vaudroit mieux que celles de l'Abbé de Vertot. Ce qu'on m'a dit tout bas, je vais le dire tout haut; c'eſt de M. le Roux que je tiens ces faits; il doit s'y connoître, puiſqu'il eſt Boulanger.

le faut à un peuple demécontens, qu'on se charge de nourrir malgré-eux.

Cependant on retomberoit par là dans un autre inconvénient, si on supprimoit le *pain trop bon* du sieur Brocq ; puisque M. Cadet nous assure au même endroit, « que cette *amélioration procurera à l'Hôpital » une épargne de plus de cent mille livres par année.* » L'Hôtel des Invalides, dont la Boulangerie, régie » par le sieur Brocq, est le modèle de la perfection, en » offre une preuve convaincante, &c. » (1). C'est *vendre*

(1) Ces Messieurs, en promettant une *économie de cent mille livres par an* à l'Hôpital, indépendamment de la bonté de leur *pain trop bon*, n'ont-ils pas un peu compté sans leur hôte ? Les malins qui nous ont soufflé la note précédente, nous ont encore assuré que cette économie promise avoit été moins fondée sur la *bonification des moutures de l'Hôpital*, où il n'y a pas à mordre, que sur les bénéfices à faire dans l'achat des farines bises ; parce que le sieur Brocq & ses Collégues ne se flattent pas moins que de faire du *bon & excellent pain avec toutes sortes de farines*. Le sieur Brocq ne demandoit, dit-on, qu'environ un quinzième de farines blanches pour bonifier les bises ; en conséquence, il commenca ses opérations par faire acheter toutes sortes de farines bises, en assez grande quantité pour les augmenter de 5 à 6 livres par sac, & pour effrayer le Paysan qui les consomme. Mais quelle fut sa surprise, lorsqu'il reconnut qu'au lieu d'un quinzième qu'il demandoit pour leur bonification, il en falloit un quart ou un cinquième? Quelle différence! le Sr. Brocq & ses Collégues se retournèrent en disant que l'Hôpital devroit faire le commerce des farines, & conséquemment faire manger aux Pauvres les farines inférieures & bises, avec lesquelles la bonne fabrication parviendroit à faire du *pain encore trop bon*. Mais

la peau de l'Ours avant de l'avoir jeté par terre : car il faut attendre la fin de l'année pour calculer le profit; les bons Spéculateurs ne douteront pas même de la vérité des promeſſes de M. Cadet, s'ils admettent avec lui la poſſibilité de faire du *pain trop bon* avec de mauvais grains & des farines inférieures, puiſque l'Art maîtriſe la nature, & que *tout dépend de la fabrication*. Les Boulangers attendent la publication de cette *Recette*, pour s'enrichir ſans qu'on puiſſe leur faire de reproche; puiſque le *pain de tout grain*, même de ſeigle, d'orge

---

l'Adminiſtration étoit trop ſage, trop juſte & trop éclairée pour goûter une pareille ſpéculation ; & voilà une ſeconde fois la cruche caſſée & le lait répandu. *Va-t'en voir s'ils viennent Jean*, dit le Compère.

J'avois jadis tenté toutes ces marches & ces fauſſes routes avec feu M. Duperron, Adminiſtrateur zélé, & nous avons reconnu l'erreur. Nous nous ſommes convaincus par une longue expérience que la ſeule choſe qui convenoit à une Adminiſtration auſſi reſpectable que celle de l'Hôpital, étoit d'acheter de bon bled & d'en tirer tout le produit poſſible, tant par la mouture que par la boulange ; que le pain en ſeroit beaucoup plus ſalubre pour les infortunés auxquels il ſert de ſoutien. Ces nouveaux Docteurs peuvent voir par tous les détails de ces eſſais & leurs réſultats phyſiques & économiques au deuxième volume *in*-4°. du *Traité des grains*, p. 329, que je ſuis parvenu par la ſeule mouture à épargner, par an, une grande quantité de grains, ſuivant le compte rendu par M. Duperron. Mais ils nous permettront de ne croire à leur économie de 100,000 livres par an, uniquement attribuée à la *fabrication* du ſieur Brocq, que lorſqu'un fait auſſi étonnant ſera atteſté par l'Adminiſtration.

ou d'avoine, sera par le seul moyen de la fabrication celui de pur froment, fût-il même de la *Terre Promise*, page 96.

En vérité M. Cadet, avec son pain *trop bon*, fait de farines inférieures, avec *son art qui maîtrise tout*, avec ses *secrets*, nous prend pour des Grues, ou pour des Savans de sa Colonie.

Nous touchons enfin à la *Péroraison*, pag. 96: » De pareils faits, Messieurs, sont bien de nature » à réfuter (si elles ne l'étoient déjà) cette foule » d'objections ridicules : *à quoi sert une Ecole de* » *Boulangerie*, &c. ? L'instruction publique est utile » dans tous les états, & c'est la seule que le Gou- » vernement reconnoisse. Nous avons les meilleurs » Instituteurs, mais indépendamment il y a des » Colléges. Des hommes d'un mérite distingué dans » le Dessin, la Peinture, la Sculpture & l'Architec- » ture, se dévouent à l'enseignement particulier; » cela n'empêche pas qu'il n'y ait des Ecoles publi- » ques de Dessin, des Académies de Peinture, » de Sculpture & d'Architecture, où vont se perfec- » tionner les jeunes Artistes. Il y a même des Leçons » publiques de Médecine, de Chirurgie, de Chi- » mie, de Physique, de Botanique, d'Histoire Na- » turelle, quoique nous ayons dans toutes ces *parties* » d'excellens *Cours particuliers.* En instituant une » *Ecole de Boulangerie*, c'est donc *assimiler cet Art* » aux Arts les plus honorés ». Nous sommes fort heureux que M. Cadet ne nous ait pas fait la description de tous ces *Arts honorés*, pour nous montrer combien ils font infiniment plus redevables à la Chimie, que les Arts moins honorés que ces Meffieurs veulent rendre plus honorables.

« Ce qu'il y auroit d'étonnant, continue le Péro-» rateur, c'eft que *ceux là mêmes* (que les maîtres » Boulangers) dont l'Ecole doit perfectionner l'Art, » & *il a befoin de l'être*, s'élevaffent contre elle. » Cette crainte que les Boulangers ne s'élèvent un jour contre cette Ecole, qui doit perfectionner leur Art & leur apprendre à faire du pain excellent avec des farines inférieures & de mauvais grains, eft fort fingulière : on ne s'élève point contre ceux qui nous donnent le fecret de nous enrichir par la bonne fabrication, fans faire tort à perfonne (1). Cet aveu

(1) La Boulangerie de l'Hôtel Royal des Invalides, que M. Cadet cite comme un modèle, parce qu'elle eft régie par le fieur Brocq, nous offre une preuve de la facilité qu'il y a de faire le bien lorfqu'on le démontre : on eft fûr par là de s'acquérir des Protecteurs dans la perfonne des fages Adminiftrateurs, dont les vûes tendent toujours à l'économie & au bien de la maifon. Le Soldat y mange de très-bon pain, meilleur fans doute que celui qu'aucun Entrepeneur pourroit fournir, parce qu'il faudroit qu'il y gagnât. Mais eft-ce au Boulanger, ou à la fageffe & à la prudence de l'Adminiftration qu'il faudroit attribuer cette économie ? N'eft ce point parce qu'elle y fait faire à temps l'achat des meilleurs bleds, & toujours au comptant, moyen fûr d'avoir bon marché ? N'eft-ce pas parce qu'on y choifit les meilleurs moulins & les Meûniers les plus habiles, dont on compare & on pèfe les produits ? Faut-il donc tout attribuer à la bonne

que l'*Art de la Boulangerie a beſoin d'être perfectionné*, eſt fort ſingulier, après avoir avancé au

---

fabrication du pain, & à l'induſtrie du ſieur Brocq ? Car, en vérité, nous ne voyons pas que la manutention du pain ſoit plus parfaite entre les mains du ſieur Brocq que chez les bons Boulangers de Paris ; il n'y a rien d'extraordinaire pour nous en faire un ſi grand étalage. Oui ſans doute, le pain du Soldat eſt par excellence, & ce vieux Militaire qui a verſé ſon ſang pour la Patrie ne ſauroit avoir du *pain trop bon* : mais il faudroit en vérité qu'un Boulanger ſoit bien mal-adroit, pour ne pas faire de bon pain avec de bonnes matières.

Quant au pain blanc de l'Hôtel, il n'en eſt pas tout à fait ainſi, & nous n'y voyons rien que de très-ordinaire. Pour en convaincre quiconque en demandera la preuve, qu'on faſſe prendre un pain de deux livres aux Invalides par perſonnes impartiales ; qu'on confronte ce pain avec un autre de même poids, & même pluſieurs pris chez de bons Boulangers de Paris, & l'on verra qu'il n'y a rien de miraculeux dans la fabrication du pain-Brocq, auſſi vanté aujourd'hui que le pain-Cadet ou de pommes de terre l'a été dans ſon temps. On gardera ces pains de comparaiſon pendant pluſieurs jours ; & enſuite on pourra juger ſi ce que l'on dit eſt vrai, que le ſieur Brocq fait mettre trop d'eau dans le pain blanc de l'Hôtel, ce qui lui ôte le bon goût qu'il devroit avoir provenant de ſi bon bled. Pour moi, je prétends que c'eſt auſſi parce qu'on ne vuide pas la farine pour la remuer après la mouture, pour deſſécher l'humide que les meules lui donnent en broyant, & celui que la farine peut prendre dans le tranſport, ſuivant l'état de l'atmoſphère. Cette humidité ſe concentre dans la farine reſtant en ſacs, & conſéquemment empêche toute la perfection du pain ; ce n'eſt donc que par la deſſication, le remuage & la ventilation que cet humide, qui n'eſt point un *Gas* propre à faire de bon pain, comme le ſoutiennent

commencement

commencement du même Discours, que M. Parmentier l'avoit porté à sa perfection, & qu'il en avoit posé les bornes & les limites.

Le tout finit par une invocation aux Boulangers de Paris, où on les supplie d'imiter les anciens Sénateurs-Boulangers de la République Romaine, en laissant perfectionner leur profession pour la rendre *honorable*, & en la réunissant aux Sciences pour l'*ennoblir*. « Par un nouveau bienfait du » Magistrat, qui n'a cessé de vous donner des » marques de sa protection, il nous a honoré » de son choix pour nous associer à vos travaux; » tout devient commun entre nous, nous vous » éclairerons du flambeau de la Théorie. . . . . » Vingt années de travaux, consacrées à l'étude de » la Chimie, de la Physique, (on en a vu les » fruits), nous donnent des droits à votre confiance. » *Nous obtiendrons des succès & vous les partagerez.* » C'est ici une sorte de Tribunal, où les plus habiles » d'entre vous siégeront; les Provinciaux & les

---

ces Docteurs en Boulange, peut s'évaporer. Quand même la farine perdroit trois ou quatre pour cent dans cette dessication, il est prouvé qu'elle reprendra cette perte au pétrin; parce qu'elle n'aura perdu qu'une humidité superflue, & jamais l'humide radical de végétation, à moins que par un laps de temps qui détériore tous les mixtes. Ceci nous ramème à la conservation des farines, article si important pour l'État, que nous ne craindrons pas d'y revenir encore.

» Etrangers viendront y puiſer les élémens d'un Art » néceſſaire, & l'*Ecole de Boulangerie finira par » devenir l'Ecole de l'Europe. Nous jouirons concur- » remment avec vous de la gloire* .... que je vous » ſouhaite, au nom du Père, du Fils & du Saint » Eſprit. *Amen* ». S'il faut mettre l'*Amen* en muſique, on trouvera des Muſiciens au moulin, ſans qu'il ſoit beſoin d'ouvrir de concours.

Pour moi, il ne me reſte plus qu'à rendre compte de la derniere Leçon de M. Cadet, tenue aux Invalides le 17 Juillet dernier, où il aſſura que le Procès ſur la conſervation des bleds & des farines, étoit enfin jugé en faveur de M. Brocq; ce qui étoit d'*autant plus vrai*, que les pièces de conviction étoient dans les ſacs, ſur la tête, ſous les pieds & à côté du Profeſſeur, occupé à conjurer les mites & les vers, qui rongoient les pièces du Procès. Mais ce Procès eſt trop important au Public, pour ne pas lui en rendre un compte détaillé, qui ſera pour le prochain ordinaire, où nous parlerons auſſi du triomphe de ces Meſſieurs en Picardie; car bientôt l'Ecole de Boulangerie deviendra ambulante, comme les anciens Parlemens. Mon Compère ſe charge de ſon côté, d'examiner avec le même ſcrupule, le *parfait Boulanger* de M. Parmentier, extrait de M. Malouin; ſon Traité des *vegétaux nourriſſans*, extrait du Traité des grains & de la mouture économique. Enfin, toutes les autres productions de ce Chimiſte, extraites de je ne ſais où, parce que l'analyſe les rend méconnoiſſables. Il ſuffira, pour m'encourager à ce travail pénible, qui m'expose à être pilé par les *Pilons*, que ces premières Observations soient reçues avec quelque indulgence par ceux qui ne s'embarrassent guères de savoir d'où vient la *vérité*, pourvu que ce soit elle qui parle, & non pas la Réthorique, qui est sa plus grande ennemie. De même que le Sophiste est le contraire du Philosophe, de même l'Orateur est l'opposé du Physicien, modeste, qui ne croit qu'aux faits & à l'expérience.

§. IV.

Je terminerai mes *Observations* sur les deux Discours prononcés à l'ouverture de l'Ecole de Boulangerie (1), par quelques remarques générales sur la derniere Leçon publique, tenue par M. Cadet de

---

(1) Ce seroit une injustice de me taxer d'en vouloir à l'établissement en lui-même, pour avoir osé relever quelques erreurs échappées aux Professeurs de cette École. Je respecte même la personne de ces Savans, & mes plaisanteries ou mes remarques ne portent que sur la *doctrine* ou sur le *plagiat* qui passe aujourd'hui pour gentillesse. J'ose croire que cette petite guerre de plume qui entraîne tant de discussions économiques sur des objets d'utillité première, ne déplaira pas aux personnes sensées qui cherchent à s'instruire & à rire aux dépens de ceux qui en fournissent l'occasion. Il seroit à souhaiter pour l'État qu'il s'élevât souvent de pareilles disputes Littéraires & Économiques, parce que du choc des opinions jaillit une foule de vérités importantes, dont le Gouvernement pourra profiter à la longue.

Vaux, à l'Hôtel des Invalides, le 17 Juillet 1782; & sur quelques objets relatifs à la même matière, principalement sur l'*Avis* publié par M. Cadet, en seize pages, à l'occasion des *bleds germés* de la récolte de 1782. Il est bon d'arracher jusqu'aux dernières plumes de ces Geais superbes, qui se pavanent en plein midi, parés de dépouilles étrangères.

La Leçon dont j'ai à rendre compte de mémoire, parce que le Discours qui y fut prononcé n'a pas été imprimé, & que l'art des anciens Notaires, dont la rapidité de la plume égaloit la volubilité de la langue, n'a pas encore été retrouvé, avoit été annoncée avec emphase dans tous les Journaux, ce qui y attira un

---

Quant à l'*École de Meûnerie & de Boulangerie*, j'ai fait ma profession de foi, il y a long-temps, sur l'utilité de pareils établissemens, puisque j'en suis le premier instigateur. Il est malheureux pour moi sans doute, peut-être même pour les progrès de l'art, de n'avoir pas rencontré dès-lors le Magistrat au zèle duquel on doit cette institution. Le retard de la publication du *Traité des grains & de la mouture économique*, retard occasionné par la mauvaise volonté & les tracasseries d'un subalterne, a entraîné des longueurs & un découragement dont MM. Parmentier & Cadet ont su profiter habilement pour élever cette École sur mes propres plans. Je les félicite de ce succès, mais qu'ils me permettent du moins de réclamer comme mon propre bien, la théorie & les principes du nouvel art que je leur ai enseigné dans le *Manuel du Meûnier* & dans le *Traité des grains & de la mouture économique*, rédigés sur mes Mémoires.

aſſez grand nombre de Curieux, & même des Dames, qui ne craignirent point de ſe blanchir dans les greniers de l'Hôtel, ou de ſe ſalir dans les fournils; tant l'amour de la Science, la curioſité & le deſir d'entendre tonner la mâle éloquence de M. Cadet, ont de force ſur les cœurs & d'empire ſur les eſprits.

Il commença ſa Leçon de Boulangerie, par faire voir dans le nouveau microſcope de M. Dellebard, les parties génitales de la puce mâle, qui égaloient preſque celles de l'homme en grandeur. Cet habile Profeſſeur n'ignore pas combien il eſt important de diſpoſer ſon Auditoire au ſublime, pour échauffer ſon imagination par des images grandes & merveilleuſes; car c'eſt toujours à l'imagination que l'Orateur en veut lorſqu'il n'a que des choſes communes à dire. Une puce, un grain de bled, un moulin à paroles à la diſpoſition d'un Chimiſte, vont amuſer une aſſemblée pendant vingt-quatre heures, juſqu'à lui faire oublier le boire & le manger, lorſque l'imagination eſt montée. C'eſt ainſi que nos bons Gaulois dépeignoient leur Hercule traînant à ſa ſuite des hommes, des femmes & des enfans, par des chaînes d'or qui partoient de ſa langue pour s'attacher aux oreilles de ſon Auditoire.

On monta enſuite dans les greniers pour entendre, au milieu des tas de bleds & de farines, la Doctrine de M. Cadet ſur les élémens & les principes naturels des corps, dont le nombre & la détermination feront toujours un ſujet éternel de diſputes parmi les

Chimiftes ; il s'étendit enfuite fur les différens airs fixes, fur l'air refpirable ou méphytique des plantes, fur l'humidité végétale ou de végétation, fort différente de l'humidité des pluies & des brouillards, qui font étrangers au bled & à la farine, & y caufent l'altération qu'ils éprouvent; il prit de-là occafion de parler de la germination des grains, de leurs maladies, de leur confervation dans des facs, & de celle des farines enfachées, en finiffant par dire, que le *Procès étoit jugé*, comme on l'alloit voir par les mites qui s'engendroient dans la farine, &c. &c. &c. &c. &c. &c. Ceux qui purent fuivre l'Orateur, eurent l'avantage de faire en moins d'une demie heure un Cours complet de Phyfique, de Chimie, d'Agriculture, de Meûnerie & de Boulangerie : heureux ceux qui l'ont entendu, heureux l'Orateur, s'il s'eft entendu lui-même!

On paffa enfuite dans un autre galetas, où l'on fit manœuvrer le Tarare ou Ventilateur ordinaire, qu'on donna prefque comme une découverte du fieur Brocq, quoique la defcription & la figure s'en trouvent avec tous les détails dans les Œuvres de M. Duhamel, & dans le *Traité des grains & de la mouture économique*. On eut grand foin de faire placer les Curieux vers l'ouverture par où les aîles du Ventilateur chaffent les pouffières, afin de les forcer de juger par eux-mêmes, en fermant les yeux, de l'utilité de cette machine pour le nétoyage des grains. De-là on defcendit dans l'attelier de la Boulangerie

& dans le fournil, où l'on fit admirer la belle symétrie de l'arrangement des Pannetons sur une table, chacun desquels devoit contenir la portioncule de pâte de tous les individus de l'Hôtel. On rentra ensuite dans le Cabinet Physique, pour y examiner au microscope la mite de farine, assez approchante de cet animal immonde qui s'attache si opiniâtrément aux personnes mêmes, & dont l'origine pourroit fort bien venir de l'usage des farines remplies de mites, puisque les pauvres & les prisonniers, qui sont réduits au pain pour toute nourriture, y sont plus sujets que les autres.

Voilà en gros ce qui s'est passé à cette fameuse Leçon, qui a valu tant d'éloges à M. Cadet dans le Journal de Paris, & dont le Rédacteur du Traité des grains & de mouture économique, pourroit réclamer sa bonne part, puisque son Ouvrage, qu'on ne lit point, parce qu'il est en deux gros volumes *in*-4°., avoit fournit le fond du Discours de M. Cadet. Il est vrai que ce Professeur l'avoit défiguré au point qu'il étoit difficile de reconnoître la source où il avoit puisé. Tout ce qu'il a dit sur l'*eau de végétation* est extrait du Traité des grains, mais en tordant tous les principes pour les appliquer à tort & à travers, ou en les exposant mal, ou en tirant de fausses conséquences. « Je dis, par exemple, qu'il falloit pour la con» servation des bleds & des farines qui en prove» noient, que les gerbes fussent arrangées en meules » dans les champs, & ensuite entassées dans les gran-

» ges, pour que la chaleur du tas *perfectionnât l'eau* » *de végétation* du grain dans l'épi. »

On lui obſerva avec raiſon que c'étoit la plus pernicieuſe de toutes les méthodes, puiſque la chaleur étouffante & humide des meules & des tiſſes, excitée par les herbes vertes & ſucculentes ſciées avec les grains, & par la tranſpiration de la fanne ou du chaume, étoit la cauſe la plus prompte de la dégénération du grain dans l'épi, & de la putréfaction qui en eſt la ſuite; que c'eſt ce qui occaſionne l'échauffement du bled, le rend coti ou rougi, & empêche de le conſerver en magaſin; que c'eſt en même-temps la cauſe la plus univerſelle de toutes les maladies du bled en herbe, comme le charbon, la nielle, le rachitiſme, l'ergot, la moiſiſſure, &c., lorſqu'on a l'imprudence d'employer pour ſemences ces mêmes grains échauffés dans les tas; que c'étoit auſſi la cauſe principale des maladies épidémiques qui affligeoient les peuples, lorſqu'ils faiſoient uſage de ces grains au ſortir des meules & des granges, parce que les farines qui en provenoient étoient corrompues ou altérées; que pour éviter ces terribles inconvéniens, il n'y avoit d'autre moyen que de laiſſer ſuer les grains, après les avoir bien vannés & criblés, & de les deſſécher par le manœuvrage dans les greniers, pour leur faire perdre cette humidité corrompue, ce goût de moiſiſſure acquis dans les meules & les granges avant de les envoyer au moulin; que la végétation du grain devoit ſe perfectionner ſur pied par la parfaite maturité,

& non pas dans le taſſement des gerbes, &c. Mais le judicieux Obſervateur fut taxé d'impoliteſſe pour avoir oſé interrompre le Profeſſeur de Boulangerie au milieu de ſon triomphe & dans l'éclat de ſa gloire ; enſorte que M. Cadet eut le champ libre pour continuer à débiter ſes erreurs.

« Il remarqua qu'on avoit jeté imprudemment, » dans les temps de diſette, une quantité prodigieuſe » de grains reſſerrés par le monopole, & qui s'étoient » corrompus dans les magaſins ; mais qu'on n'étoit » pas alors aſſez éclairé ſur les vrais principes de l'art » du Boulanger, qui auroit ſu tirer un bon parti de » ces bleds gâtés ; parce que l'*amidon*, qui eſt par » excellence l'aliment de l'homme, eſt *incorruptible*, » & que celui qu'on tire des grains corrompus & des » plantes vénéneuſes, eſt auſſi ſain que l'amidon » provenu des meilleurs bleds, &c. &c. ». On lui demanda s'il feroit de bon pain avec de l'amidon ; il répondit modeſtement que cela ne ſe pourroit pas, à moins qu'on n'y ajoutât les ſubſtances muqueuſes, ſucrées & glutineuſes, qui entrent avec l'amidon dans le mixte de la farine ; mais que la Chimie, qui compoſe, décompoſe & recompoſe les mixtes à ſon gré, auroit bientôt trouvé le ſecret de faire du pain avec l'amidon en y ajoutant ce qui manque, &c.

J'abandonne volontiers la Doctrine chimique & incompréhenſible de M. Cadet, pour m'arrêter ſur ce qu'il dit au ſujet de la découverte miraculeuſe du ſieur Brocq, ſur *la conſervation des* bleds & des farines en ſacs ſans les manœuvrer. S'il eſt vrai, comme on l'a dit ſouvent, que le plus grand ennemi du bien c'eſt le mieux, la découverte du ſieur Brocq ne devoit pas faire fortune, puiſque les bleds de la meilleure qualité ſont long-temps conſervés à la manière ordinaire par le peltrage à force de bras d'homme, & en les criblant ſouvent: méthode uſitée juſqu'alors, même aux Invalides, & qui eſt certainement la plus ſûre, ſi on excepte l'étuve, comme je le ferai voir quelque jour en publiant le réſultat des eſſais & expériences de ſept à huit ans conſécutifs, ſur la conſervation des grains & farines.

Quoi qu'il en ſoit, la nouvelle méthode du ſieur Brocq a été fort diſcreditée par ſes premiers eſſais. Il ſe croyoit ſi ſûr de ſon fait, qu'il avoit préſenté Requête à l'Académie des Sciences, pour envoyer deux de ſes Députés à la Boulangerie de l'Hôtel, à l'effet d'y vérifier par une expérience juridique, ſi du bled bien épuré & mis en ſac pouvoit s'y conſerver de même long-temps & ſans aucuns ſoins. Le rapport de MM. les Commiſſaires conſtate qu'on avoit enſaché dans douze ſacs bien cachetés du bled en très-bon état, criblé pluſieurs fois & paſſé par le tarrare juſqu'à ce qu'il fût pûr & net de toutes mauvaiſes graines; que l'on n'y avoit apperçu aucune trace d'œufs de vers ni d'inſectes; lequel bled cacheté devoit être examiné après un certain temps par les mêmes Commiſſaires, pour vérifier s'il ſe feroit conſervé dans le même état de pureté, &c.

Mais le ſieur Brocq, ſans aucun égard pour cet arrêté qui devoit lui ſervir de loi, s'aviſa, au bout de quatre mois, de faire ouvrir ſecrètement un de ces ſacs d'eſſai, où ceux qui l'ouvrirent furent ſurpris d'y trouver une multitude de vers, & une quantité prodigieuſe de charançons qui le dévoroient en ſilence. Un ſecond ſac ouvert offrit le même phénomène; & tout alloit être ſouſtrait aux regards des Curieux, lorſque les dix ſacs reſtans furent mis dans un lieu ſûr à l'abri de toutes fraudes. Il fallut les cribler promptement & les manœuvrer à force de bras, pour en empêcher la perte totale (1). Le Procès-verbal dreſſé

(1) Il eſt vrai que cette nouvelle méthode de conſerver les bleds en ſacs, ſans crible & ſans main-d'œuvre, imaginée par le ſieur Brocq, eſt une ſuite des principes de M. Parmentier qui a poſé les limites de l'art, & qui ſoutient dans ſon *Avis aux bonnes Ménagères*, que les grains étrangers au bled, comme l'ivraye, la rougeole & autres, ne font que biſer le pain ſans en altérer la qualité; que la conſervation des farines en ſacs eſt préférable à toute autre, &c. En vérité, les Minotiers des Provinces méridionales qui fourniſſent les Colonies, doivent bien rire de ces nouveaux principes, ou l'on doit convenir qu'ils font eux-mêmes de grandes corvées, en apportant autant de ſoin qu'ils en prennent pour ôter par le crible tout corps étranger au bled, & en donnant tant de main-d'œuvre aux farines pour les faire fermenter, pour en ôter exactement le ſon & les iſſues, pour les faire deſſécher parfaitement ſur le plancher avant de les enfermer dans les minots, afin d'être exportées & envoyées ſaines à leur deſtination.

le 15 Octobre 1779 par le Contrôleur de la Boulangerie des Invalides, constate ces faits singuliers, qui ont empêché la vérification qui devoit être faite par les mêmes Commissaires de l'Académie. Mais le Procès-verbal du Contrôleur de la Boulangerie, attesté par des personnes dignes de foi, tient lieu de ce rapport de l'Académie.

M. Cadet, pressé par la vérité de ces faits, qu'il n'osoit nier en présence de témoins oculaires, promit à l'assemblée que M. Brocq recommenceroit ses essais sur la conservation des bleds en sacs sans main-d'œuvre. Nous attendons l'effet de cette promesse, & nous en desirons la réussite, mais bien constatée, bien contradictoire. Nous ne nous arrêterons même pas aux inconvéniens qui en résulteroient, car s'il falloit placer six à sept mille sacs dans une maison comme les Invalides, vingt-cinq à trente mille & quelquefois plus à l'Hôpital-Général, quel emplacement faudroit-il donc pour un pareil approvisionnement ! quelle mise de fonds & avances pour la fourniture & l'entretien des sacs ! On dit cependant que ce même arrangement auroit eu lieu à l'Hôpital, à la sollicitation du sieur Brocq, si l'Administration n'eût été aussi discrette, aussi prudente, qu'il étoit vain & hardi.

Après avoir coulé sur la conservation des bleds en sacs, M. Cadet s'étendit beaucoup sur celle des farines par la même méthode. Quelle fût alors notre surprise de lui entendre dire qu'à l'égard de la conservation des farines en facs , *le Procès étoit jugé en faveur du fieur Brocq* ? Jugé par défaut fans doute, puifqu'il n'a pas été plaidé contradictoirement, & qu'à l'inftant même où l'Orateur avançoit hardiment cette contre-vérité, il y avoit autour de lui 150 facs de farines pelottées & maronnées, qui n'auroient pas tardé à paffer à une entière putréfaction , fi on ne les eût promptement vuidées, manœuvrées & paffées par les bluteries & tamis, pour les rafraîchir & les deffécher, fuivant l'ancienne méthode(1). Au lieu 150 facs de attaqués, que l'on dit s'y être trouvés au 17 Juillet, jour de l'Ecole, combien y en auroit-il eu depuis, fans ces précautions falutaires ! L'huile & l'humidité de la farine en repos dans des facs, où l'air ne circule point, ne peuvent manquer de produire ce mauvais effet; j'obfervai même à ce fujet à M. Cadet, que bien loin que le *Procès fût jugé en dernier reffort* fur les faux expofés du fieur Brocq , *j'en appelois au bon fens & à l'expérience contraire*, puifque les pièces étoient fous les yeux, & qu'on faifoit voir au microfcope les mites engendrées dans ces farines repofées.

---

(1) Qu'on s'informe encore auprès des bons Boulangers de Paris, s'ils ne fuivent pas la même méthode de manœuvrer fouvent les farines qu'ils veulent conferver, lorfqu'ils ont l'emplacement néceffaire ? Qu'on s'informe auprès de M. Thierry, Boulanger du Roi, homme expert dans fon art ? Cet habile homme apprécie ce que vaut la prétendue découverte de fon fucceffeur, & fe rit de la doctrine de nos Docteurs modernes, fi cruellement démentie par l'expérience.

Le Professeur voulut couvrir le mal en partie, en disant qu'il n'y avoit que des grands sacs de 325 liv. poids de marc d'attaqués; parce que les farines y étoient trop pressées, trop entassées, mais que les sacs de moindre poids (ils sont cependant de 260 liv.) étoient sains, & qu'ainsi M. Brocq avoit trouvé le remède au mal. Mais je répliquai que tous les Boulangers de Paris n'avoient que des sacs de 325 liv. qu'ils ont soin de remuer souvent & même de vuider quand ils ont de la place; que sans cela les sacs, ne fussent-ils que du poids de 200 l. seroient toujours sujets au même inconvénient (1). Alors, M. le Roux, habile

---

(1) Nous sommes tellement convaincus de la *nécessité de vuider les farines* sur le plancher & de *les remuer à la pelle* avant la fabrication du pain, que nous pouvons assurer que lorsqu'on fait une mise de farine sur les pétrins, pour les fournitures des grosses maisons, comme les Invalides, &c. la fabrication du pain à la seconde quinzaine en devient meilleure, plus facile, fournit plus de pâte au pétrin, & un pain plus léger, plus savoureux, si l'on a toutefois l'attention de donner de temps à autre un coup de pelle à ces farines, à mesure que les tas diminuent. J'en ai fait convenir plusieurs Boulangers, ainsi que des Garçons des Invalides.

Il y avoit à la Boulangerie des Gardes-Françoises, des farines pour six à sept mois, qui se sont conservées saines depuis le mois de Mai jusqu'à la fin de Janvier, quoiqu'elles n'ayent pas été conservées en sacs suivant la méthode du sieur Brocq. Elles avoient été manœuvrées à propos & dans les temps convenables, sous l'inspection d'un Régisseur habile & modeste, qui ne s'écarte

Boulanger de Paris, & Contrôleur des Greniers de l'Hôpital, qui étoit présent, & dont j'invoquai le témoignage, observa que M. Cadet avoit habilement passé sous silence ce qui venoit d'arriver à l'Hôpital, où le sieur Brocq avoit voulu introduire sa méthode de conservation des farines en sacs; que quoique tous ces sacs fussent au poids de 260 liv. il s'étoit néanmoins trouvé 4 à 500 sacs de farines maronnées dans un seul magasin; & le même M. le Roux m'assura quelque-temps après qu'il en avoit trouvé 600 & tant dans un grenier, & 800 & tant dans un autre, &c.; & que si on eût abandonné plus long-temps ces farines ensachées sans les vuider sur le plancher, sans les manœuvrer & les rétablir par le remuage, le tout eût passé à une prompte putréfaction, capable d'empoisonner les Pauvres qui en auroient été nourris. On sait même que l'Administration n'a été informée que d'une partie de ces faits; & M. le Roux est trop honnête pour n'en pas conve-

---

pas des routes frayées. L'ordre qui règne dans cette Boulangerie est admirable, par les soins de M. Grenier, parvenu par son mérite à obtenir la Croix & les grades Militaires; & il est étonnant que l'on ne fasse aucune mention de ce bel établissement, que l'Empereur n'a pas dédaigné de visiter. Ce grand Prince y est entré avec M. Grenier, dans les plus grands détails de Boulangerie, en demandant le poids des pains & des pâtes pour les comparer, en s'instruisant sur les principes de fabrication, sur la conservation des grains & des farines, &c. &c. Instructions que ce Monarque n'a pas demandées à nos Professeurs de Boulangerie chymico-économique.

nir, d'ailleurs le Garde-magaſin & autres le ſavent comme lui.

Voilà, Meſſieurs, les effets pernicieux de ces nouvelles doctrines, que vous adoptez & répandez ſi légèrement avant de les faire paſſer au creuſet ſalutaire de l'expérience. Sans doute M. Cadet ignore tout ces faits; car il eſt trop honnête & trop bon Citoyen pour avoir prêché une doctrine pernicieuſe, s'il n'eût été trompé par un Boulanger qui vouloit ſe faire un nom par des nouveautés ſingulières & dangereuſes, ſur leſquelles nous avons cru devoir déſabuſer le Public : & il étoit temps de le faire. En effet, ſi dans une année où les grains étoient ſecs & de la meilleure qualité, tels que ceux de la récolte de 1781, les bleds & les farines en ſacs ſe ſont corrompus, quelles ſeront donc les ſuites de cette prétendue découverte dans les années pluvieuſes? Dans les années où les grains ſont récoltés & ſerrés encore humides, comme en 1782, où la plupart des bleds ont même germé (1), ſurtout dans les Provinces nourricières de cette Capitale, où il faut approviſionner

(1) Il vient de paroître une petite Brochure de 16 pages, ſous le titre d'*Avis ſur les bleds germés, par le Comité de l'École de Boulangerie*, fait & rédigé par M. Cadet de Vaux, le 31 Octobre 1782. C'eſt par l'examen de cet avis que je terminerai mes Obſervations, qui, malgré leur étendue, paroîtront peut-être moins longues à la plupart des Lecteurs qu'à ces Meſſieurs. Entraîné par le deſir d'être utile en les réfutant, je voudrois pouvoir tout dire. Et d'ailleurs il faut convenir auſſi que mon Compère, qui écrit ſous ma dictée, eſt un peu bavard de ſon naturel : ſou-

journellement

journellement un million d'ames ? Penſez-donc, Meſſieurs, ce que de viendroient les grains & farines l'été prochain, ſi l'on admettoit la découverte du ſieur Brocq, de conſerver en ſacs, avant d'en avoir fait évaporer par la main-d'œuvre l'humide ſuperflu qui en hâteroit la corruption, ſur-tout ſi l'on veut manger du pain bon & ſalubre ? 45 ans de pratique dans la mouture, & plus de 20 années d'application à ce qui a rapport à la conſervation des bleds & des farines, joints à une multitude d'eſſais authentiques en différentes Provinces, m'ont fait acquérir des connoiſſances qui peuvent donner quelque poids à mon opinion. Ces Meſſieurs peuvent auſſi recourir au *Traité des grains & de la mouture par économie*, où tous ces faits ſont rappelés, & où tout ce qui a rapport à la conſervation des grains & des farines eſt approfondi d'après les principes d'une ſaine phyſique, confirmés par l'expérience, mère des ſciences & des arts. Nous avons encore ſur le même ſujet un grand nombre de matériaux précieux qui pourront voir le jour dans des temps plus favorables.

Comme il fut auſſi queſtion des *déchets* à la mouture dans la leçon de M. Cadet, j'en prends occaſion de dire un mot ſur cet objet important, qui a ſouvent excité bien des débats, juſqu'à compromettre l'hon-

---

vent il m'interrompt & m'oblige malgré moi de battre le buiſſon; en ſorte qu'il eſt impoſſible d'être laconique & bref avec ce diable d'homme, dont la *loquéle* ne laiſſe pas d'avoir ſon mérite malgré ſa verboſité.

neur & le repos de bien des personnes (1). Il y a deux sortes de déchets; celui des grains emmagasinés, qui semblent perdre à la mesure & au poids par le manœuvrage & le dessèchement, & le déchet des grains à la mouture que j'ai spécialement en vûe dans cet article. M. Cadet fixe le déchet de mouture dans les moulins à pédales de Bicêtre, à trois livres & même moins par septier: cela ne nous surprend pas, 1°. parce que de cela même qu'il n'y avoit pas plus de déchets, il est évident que la mouture simplement dégrossie ne valoit rien. 2°. Nous avons appris que ces moulins étoient placés dans des endroirs humides; & sachant combien les grains secs & la farine qui en provient pompent facilement l'humidité environnante, il n'en faut pas plus pour couvrir les déchets. M. Brocq m'a même avoué qu'il s'en étoit trouvé sans déchet, & je l'ai fait convenir que c'étoit tant pis pour la fabrication du pain qui souffriroit de cet humide étranger, ainsi que nous l'avons expliqué au *Manuel du Meûnier*, & qu'on l'a démontré au grand *Traité des grains*.

La bonté & le prix du grain sont toujours corelatifs à son poids réel, pris dans l'état de sécheresse; parce qu'il y a plus de farine entassée & de meilleure qualité dans un grain lourd que dans un grain léger. Mais indépendamment de ce poids réel du bled sec, il est aussi un poids variable suivant que le bled se rappro-

(1) Voyez ce que j'ai dit plus haut, §. II. tant sur les *déchets* que sur la *conservation des farines*, dont je n'ai parlé ici que par supplément.

che ou s'éloigne plus ou moins du degré de féchereffe, auquel fon poids eft fixe & déterminé par le volume de farine condenfée qu'il renferme. Ainfi le bled nouveau pèfe beaucoup moins que lorfqu'il a fué, & qu'il a été bien travaillé à la pelle pendant une année. Le même bled pèfe moins dans les tems humides, &c. &c. (1). Le bled de la tête pèfera 20 à 30 liv. de plus par feptier que le bled de la dernière claffe, ce qui formera fouvent une différence de 100 livres de pain par feptier. Voyez le deuxième Chapitre du *Traité des grains*, & l'article *Balance d'effai*, donné par M. Béguillet dans les *Supplémens de l'Encyclopédie* (2).

On fent par le poids variable des grains & farines d'un jour à l'autre, combien il feroit injufte & dangereux de juger les Meûniers fur un déchet fixe & *déterminé* par M. Cadet, à moins de 3 livres par feptier dans la mouture économique (3); indépendamment de

(1) M. Tillet vient de faire beaucoup d'expériences à ce fujet, qu'il a lues à l'Académie, en Mai 1783.

(2) Si le grain *pèfe* moins dans les temps humides, il augmente de *volume*; & par la même raifon il diminue de volume par la féchereffe. On voit fouvent fur le *Port au bled* des Marchands fe plaindre de n'avoir pas leur mefure; quoique ces facs empilés fix à fept l'un fur l'autre, confervent bien plus d'humidité dans cette fituation que s'ils étoient debout bien couverts avec des toiles cirées, &c. Malgré cela, pour peu que le temps foit fec, les grains font un frayement de deux à trois pour cent; on peut le demander aux Marchands de grains. Il en eft de même des farines, dont le poids varie fuivant l'état de l'atmofphère.

(3) Dans les *procès-verbaux* des différens *Effais de mouture* que

la fausseté de cette règle qui devroit porter les déchets à plus du double. Il faudroit aussi que la pesée du grain se fît à l'instant de le mettre dans la trémie, & que la contrepesée des farines & issues se fît au sortir des meules, ou au moins dans les vingt-quatre heures pour déterminer le déchet fixe dans tel cas,

---

j'ai faits en divers lieux, & qui sont rapportés au tom. 2. *in*-4°. du *Traité des grains*, les bleds ont été pesés exactement avan d'être mis sous les meules; & les farines, dont on avoit soin de ne pas perdre un atôme, s'il étoit possible, ont été pareillement pesées aux onces & aux gros. Malgré cela les déchets d'une mouture bien faite *sans être échauffée*, comme le portent les procès-verbaux signés des Magistrats & des Jurés Boulangers, ont varié de deux à deux liv. & demie par quintal, ce qui fait cinq à six liv. de déchet par septier, précisément le *double* du déchet fixé par M. Cadet à moins de trois livres par septier, dans son *Discours imprimé*, *page* 81. Mais quelle différence entre la manière exacte & circonspecte avec laquelle les grains & farines sont pesés à un gros près dans les *Essais publics*, à la pesée grossière qui se fait des grains dans les greniers & magasins avant de les transporter au moulin, & à celle des produits & issues au retour des moulins? Ne seroit-ce pas une source continuelle de débats, de procès & de réclamations des Propriétaires & des Boulangers, contre les Meûniers auxquels ils confient leurs grains à moudre? S'il falloit ensuite juger ces procès suivant la règle injuste des déchets fixés par M. Cadet à moins de trois livres par septier, n'y auroit-il pas de quoi ruiner & déshonorer en même temps les plus honnêtes Meûniers? Tout ce que je dis dans le texte à cet égard est de la plus exacte vérité. Je ne connois d'autre remède à ces abus, que d'étudier ce qui est dit sur les *déchets au moulin*, tous les *Réglemens de la Meûnerie* rassemblés par M. Béguillet, tome 2. *in*-4°. p. 400 du *Traité des grains*, & d'en former (s'il

& pour un bled de telle qualité, mais jamais applicable à d'autres bleds ou d'autres circonſtances.

Orateur imprudent, voyez donc combien votre dangereuſe éloquence & votre propenſion à parler, à écrire, à cenſurer ſans connoître l'état de la cauſe, peut occaſionner de ſoupçons injuſtes, de chicanes, de débats, de procès entre les Meûniers & Boulangers, que vous voulez régenter; ce ſont ſans doute les derniers qui vous ont ſoufflé cette doctrine pernicieuſe, dont je vais vous développer à la hâte les conſéquences.

Le bled, peſé très-juſte dans les greniers du Boulanger qui veut l'envoyer au moulin, ou dans les magaſins d'une Adminiſtration, peut diminuer de poids dans le tranſport au moulin, où il peut reſter huit à quinze jours, quelquefois un mois & plus ſans être moulu; il peut également s'y trouver du déchet quand on veut le repéſer avant le moulage; indépendamment de l'inattention des peſeurs au magaſin, qui, pour hâter la beſogne, ne regardent pas à une demie livre ou trois quarts de plus ou de moins. Voilà donc déjà le Meûnier taxé d'avoir volé du bled avant d'avoir mis la main dans le ſac. Il n'eſt donc pas ſurprenant qu'il y ait un fort déchet à la moûture, puiſqu'il y en a déjà même avant d'avoir moulu & ouvert les ſacs.

Il eſt ſi vrai que les grains diminuent de poids

---

eſt poſſible) un *nouveau Réglement*, aſſez bien médité pour faire la balance entre les intérêts des Propriétaires & la tranquillité des Meûniers. C'eſt pour cela que M. Tillet a travaillé. Cet objet eſt aſſez important pour mériter l'attention du Légiſlateur.

de jour en jour, lorſqu'ils ne ſont pas dans un endroit humide, comme un réz-de-chauſſée, &c. (1), que nous avons vû même dans les greniers des Invalides des bleds diminués d'une demie livre d'un jour ou deux à l'autre : la diminution ſera plus conſidérable en temps de ſéchereſſe ; comme ils pourroient prendre du poids s'ils étoient dans des greniers humides & ouverts au Sud. On a même éprouvé dans des ſacs pendant huit ou quinze jours, un mois, un déchet d'environ 2 livres & plus ſans avoir remué les ſacs. Ces faits ſont cependant de la connoiſſance du ſieur Brocq, qui devoit en avoir fait part au Chimiſte raiſonneur ; mais on n'en dit mot, & pour cauſe.

Au reſte, les bleds perdent de leur poids, à proportion de l'humidité qu'ils ont. S'ils en ont peu &

---

(1) Ils diminuent de poids par un temps ſec, même ſur la rivière, & en voici la preuve. On avoit chargé aux magaſins de l'Hôpital de Paris, des bleds pour remonter à Corbeil, diſtant de ſept lieues; quoique mis à fond de cale, ils peſèrent à leur arrivée une à deux livres de moins. Si le Meûnier n'eût pas eu la précaution d'en faire vérifier le poids par le Garde-magaſin de Corbeil, il eût été injuſtement ſoupçonné. Le bled étoit cependant ſur la rivière, où il eſt cenſé pomper l'humidité. On peut prouver ce fait, capable d'effrayer les Meûniers délicats ſur l'honneur. Le déchet ſera bien plus grand, & augmentera de jour en jour, ſi les bleds reſtent au moulin huit, quinze jours, un mois avant la mouture; car on ne peut pas tout moudre à la fois, & il faut bien faire ſes proviſions ſucceſſivement.

qu'ils ſoient entretenus bien ſecs, ils perdent peu; s'ils en ont beaucoup, ils perdent à proportion. Mais dans le fait, ce n'eſt pas de la matière première, de la farine qui ſe perd, ce n'eſt que l'humide ſuperflu qui ſe perd. On peut le ſavoir des Gardes-magaſins, qui ont quelquefois trouvé des déchets plus forts, & dont malgré cela le produit en farines & iſſues ſe retrouve à ſon point. Et comme l'on vend les iſſues à la meſure & non au poids, ce n'eſt pas une perte réelle. Les Boulangers qui ſavent le *fin du métier* en prennent ſouvent occaſion de conteſter le Meûnier (1); ce qui entraîne des Procès qu'on renvoye ordinairement à juger à des Boulangers, en

(1) Si un Boulanger a envie de tracaſſer un Meûnier, (ce qui arrive aſſez ſouvent lorſque celui-ci demande ſon payement) il lui objecte qu'il n'a pas ſon compte & le fait aſſigner : le renvoi ſe fait à des Boulangers ſeuls, ſans y appeler des Meûniers, ou rarement. Il ſemble cependant qu'en bonne juſtice on devroit joindre aux Boulangers experts dans ces ſortes de cas, des Meûniers & des Négocians en farine. Il faudroit que le Boulanger plaignant eût fait conſtater ſon déchet par procès-verbal en règle; & qu'au retour des farines chez lui, le Meûnier ait été appelé juridiquement à la contrepeſée des farines & iſſues. Sans ces précautions, le Meûnier courra toujours riſque d'être ſanglé comme un baudet, à qui tout le monde jette la pierre en riant. La Meûnerie eſt cependant la fille aînée de l'Agriculture, la Boulangerie ne vient qu'en ſecond. Le premier Avocat qu'ait eu la Meûnerie, a été M. l'Abbé Baudeau, puis le Rédacteur du *Traité des grains & de la mouture économique*; mais cet Ouvrage volumineux, où l'on trouve tant de vérités

les faisant nommer pour experts. Cependant les uns n'ont pas meilleure réputation que les autres, si l'une n'est pas pire, malgré la sortie terrible que fait M. Parmentier contre les Meûniers, à la fin de son *parfait Boulanger*. Faut-il s'étonner après cela que la mouture, si long-temps avilie par des taxations odieuses, ait été si lente à faire des progrès, faute d'avoir eu des Défenseurs aussi chauds, aussi ardens, que ceux que la Boulangerie a eu le bonheur de trouver dans la personne de MM. Parmentier, Cadet & Brocq ?

Depuis la dernière Leçon publique de M. Cadet, dont je viens de rendre compte en gros, il a eu le bonheur de cueillir de nouveaux lauriers, par la propagation de la mouture économique & du *pain-Brocq* en Picardie (1). On voit par le Journal du 22 Octobre dernier, que vous vous êtes annoncés à Amiens comme les Colporteurs, les Distributeurs en chef de la *manne économique*, & les premiers Apôtres de la *Science*. J'ai cependant été votre précurseur, quoique je n'eus pas l'honneur de vous connoître alors. Car

---

précieuses, parmi quelques erreurs de peu de conséquence, n'est pas à beaucoup près aussi répandu que les très-petites Brochures des Défenseurs des Boulangers, qui y puisent leur doctrine sans le citer.

(1) C'est en lisant le Journal des triomphes de MM. Parmentier & Cadet en Picardie, que je me suis écrié dans l'amertume de mon cœur : « Pauvres Abeilles, le miel qui vous coûte tant de » peines à ramasser, ne sera pas plus pour vous que la cire où » vous le mettez en réserve ». On peut voir au second volume

dès le mois de Juillet 1768, je parcourus la Picardie par ordre du Gouvernement, pour y faire des essais & des expériences de comparaison, plus propres à convaincre des avantages de la mouture économique que tous vos discours fleuris, où le Charpentier de moulins, le Meûnier & le Boulanger ne comprendront jamais rien, parce que vous leur parlez une langue étrangère, & que vous ne savez pas la leur. M. Dupleix de Baquencourt, alors Intendant d'Amiens, l'un de ces Magistrats toujours occupés du soulagement des Peuples confiés à leurs soins, m'avoit demandé lui-même au Ministère pour faire ces sortes d'établissemens dans sa Province, & il détermina M. Jourdain des Loges à me charger de construire un moulin économique dans sa Terre de l'Etoile, où cet établissement a fait des progrès. Non-seulement je disposai la plupart des Municipalités, convaincues par mes essais, à faire monter par économie les moulins de leurs Villes, mais même à y établir des magasins pour y vendre des farines économiques en détail. Je

du *Traité des grains*, tome 2, *in*-4°. p. 436 — 451, l'historique du voyage que j'ai fait en Picardie, en Juillet 1768, par ordre exprès du Gouvernement, pour constater l'état d'imperfection des moutures brutes dans cette Province, & pour y substituer les procédés de la nouvelle mouture perfectionnée. On peut voir dans le Livre que je cite, les détails les plus instructifs, propres à dédommager le Lecteur curieux de la peine qu'il prendra d'y recourir.

fis remarquer en même temps que l'utilité de la nouvelle méthode de moudre les grains, étoit d'autant plus importante pour la Picardie, que cette Province est plus à portée d'entreprendre le commerce des farines avec l'étranger, & sur-tout pour la Marine, &c. Tous ces faits sont dans mon Voyage imprimé, & vous affectez de les ignorer en vous traînant lourdement sur mes traces. Quels peuvent donc être vos motifs secrets ? Je ne puis résoudre ce problême.

Il paroît par le Journal du 5 Novembre, que c'est à Montdidier où vous avez été le mieux accueillis, & que M. Parmentier y a fait mentir le proverbe si commun, *nul n'est Prophète dans son pays* (1). Vous

---

(1) Mon Compère prétend au contraire qu'on peut être *Prophête par-tout*, même en Picardie, quand on ne demande point d'argent, & qu'on promet au Peuple du bon pain à bon marché, dût-on le faire avec du marron d'inde, du pied de veau, pourvu qu'il soit bon & qu'il ne coûte pas cher. En attendant l'exécution de cette promesse & l'accomplissement de la Prophétie, on jouit toujours de sa gloire & des revenans-bons qui y sont attachés. *Promettez & vous aurez ;* voilà le secret de tous les Prophêtes du Pont-neuf, & même de tous Pays. En Sologne, où l'on n'est pas bête, puisque l'on y prend les sols marqués pour les liards, promettez d'y faire de bon pain avec leur *Ergot*, qui donne la gangrène aux Habitans, & vous serez sûr d'y établir une Ecole de Boulangerie, qui vous nourrira vous & les vôtres en attendant votre bon pain d'ergot.

vous disposez par reconnoissance à y établir la mouture économique. Malheureusement vous venez un peu tard pour cette bonne œuvre ; puisque dès 1768 je fus chargé par les Magistrats de Montdidier, de faire monter à l'économie le moulin de leur Ville, où se fit l'expérience de comparaison le 12 Août 1768. Le procès-verbal qui fut alors imprimé par ordre des Municipaux, & qu'on vous aura remis sans doute à votre arrivée au Pays, porte que sur un *quintal de froment*, il y a eu *21 livres 12 onzes* de pain, ou *plus du quart en sus* de profit, & le pain plus blanc & de meilleur goût que dans la mouture ordinaire ; & que sur un *quintal de seigle*, il y a eu *plus du tiers en sus de profit*, le pain de meilleur goût, &c. Vous voyez par-là, Messieurs, que vous allez prêcher des convertis, & que vous n'aurez pas grande peine à établir la mouture économique chez nos bons Picards. Mais c'est en Normandie où je vous attends. Au reste, vous trouverez le Journal Historique de mes Voyages & de mes divers Etablissemens dans *le Traité des grains*, tome II *in-4°.*, depuis la page 343 à 466 ; ce Journal sera utile à votre mission.

Je cours à la fin de ma carrière, & je finis par acquitter ma promesse en jetant un coup-d'œil sur *l'Avis* concernant les *bleds germés*, rédigé à l'Ecole par M. Cadet-de-Vaux, le 31 Octobre 1782, & imprimé en 16 pages chez Pierres. M. l'Abbé Baudeau avoit déjà traité cette matière dès 1768, & le Rédacteur du *Traité des grains* discute avec étendue, tom. I, pag. 64, & ailleurs tout ce qui a rapport aux *bleds germés* (1). Ainsi rien de nouveau dans cet *Avis*, si ce n'est quelques erreurs. Il eût été plus simple, plus court & plus sûr de renvoyer aux Auteurs cités; mais alors M. Cadet n'auroit pas rédigé; il n'auroit pas été imprimé, &c.

Les définitions sont toujours une pierre d'achopement pour M. Cadet: « le bled germé, dit-il, pag. » 1, est celui dont une portion a *subi la germina-* » *tion*; car si la totalité du grain avoit entièrement » dévéloppé son germe, il feroit difficile d'en faire

(1) L'année 1771 se gouverna à-peu-près comme celle-ci, & une partie des bleds germa sur pied ou en javelle, parce que la saison fut très-pluvieuse, ce qui me détermina à faire plusieurs expériences. Comme j'étois alors occupé par ordre du Gouvernement à répandre la mouture par économie dans les Provinces, je ne pus donner suite à mes essais que les années suivantes, & je remis mon Mémoire avec les plans qui y ont rapport, dès 1775, à une personne en place, qui comptoit en tirer un grand parti pour les munitions de terre & l'approvisionnement de la Marine. Mais la mort l'ayant enlevée dans une tournée faite par ordre du Gouvernement, mes expériences, continuées plusieurs années sur les grains, farines & légumes, n'ont pu voir le jour faute de Protecteur. J'espère les publier incessamment avec les plans d'une *Etuve particulière* pour le séchage des grains & farines, d'autant plus nécessaire que les bleds de la dernière récolte sont humides. M. Cadet conseille, page 8, des *Etuves publiques*: il auroit dû en donner du moins la description & les plans. Mais je suppléerai à son silence prudent.

» de bon pain ». Mon Compère dit que c'est à peu-près comme si l'Auteur disoit, un bonnet blanc est celui dont la couleur est blanche, car s'il n'étoit pas blanc il seroit d'une autre couleur, &c. « Le bled » germé, continue M. Cadet, fournit un pain qui » n'a rien de dangereux pour la santé . . . mais il est » difficile à conserver . . . plus sujet aux insectes . . . . » à fermenter & à s'échauffer . . . il se moud mal . . : » la farine est humide & molle . . . . le son s'aigrit » (1) . . . le levain & la pâte boivent peu d'eau . . . » le pain ne bouffe pas, il reste mat, gluant & gras-» cuit, est fade, se digère mal, nourrit moins, » s'aigrit, se moisit, &c. » (2).

Voilà exactement à quoi se réduit la moitié de cette maigre feuille, où la multiplicité des titres & des alinéa, tient lieu de matière & d'instruction. Les autres huit pages de la feuille d'*Avis*, traitent

---

(1) Sans doute M. Brocq ignoroit cet article; car on assure qu'il a gardé tous les sons cette année, sur lesquels il a occasionné ou éprouvé une perte considérable; le son du grain humide se corrompt en effet très-promptement, & il est mal sain pour les animaux; j'indiquerai par la suite les moyens d'en tirer parti.

(2) M. Cadet oublie ici qu'il avoit dit au commencement que *le pain de bled germé n'avoit rien de dangereux pour la santé.* Remarquez que c'est un des principes particuliers à cette École, qui possède le secret de M. Brocq, de faire d'*excellent pain avec de mauvais grains & de mauvaises eaux.*

des *moyens de remédier aux inconvéniens du bled germé.* Ces moyens se réduisent, suivant M. Cadet, à mettre le bled germé en grange, au lieu de le laisser en *meule* ou *moie*; le battre sur le champ si la grange n'est pas bien aërée; à le *dessécher* dessus ou dedans le four, ou dans des étuves; à employer des *levains bien jeunes*, mettre du sel & moins d'eau dans la pâte, & tenir le four plus chaud. Fait & signé, *Cadet de Vaux*, *&c.*, auquel on est *prié d'adresser les* Mémoires relatifs à la Meûnerie & Boulangerie, *francs de port* (1).

L'Auteur de l'*Avis* n'ayant pas défini ce qu'il entendoit par *blé germé*, ou *dont une portion a subi la germination*, on peut remarquer que tout ce qu'il a dit ne convenoit qu'aux *bleds humides*; mais il n'a distingué aucuns des effets produits par les pluyes dans la maturité des grains. Il faut pour cela recourir à ce qu'en a dit M. Béguillet dans le *Traité des grains*, tom. I *in-4°.*, pag. 64. Un court extrait de ce qu'il

(1) Je ne manquerai pas de profiter de l'avis, en faisant tenir à M. Cadet ces Observations & celles qui les doivent suivre, le tout *franc de port;* mais à condition qu'il voudra bien à l'avenir faire mention de ce qu'on lui communiquera aussi généreusement : parce qu'il n'est pas juste qu'il en fasse son profit tout seul, & qu'il passe pour Savant aux dépens du tiers & du quart. Passe encore si on ne pilloit que les Auteurs morts : mais priver les vivans du fruit de leurs travaux! frustrer un pauvre Meûnier! &c. cela n'est ni poli, ni chrétien.

dit à ce sujet, suppléra à l'insuffisance de l'*Avis* de M. Cadet.

Les pluies & les brouillards qui surviennent lors que les bleds sont en fleur, font couler l'épi & occasionnent plusieurs maladies, comme la *rouille*, la *brouine*, l'*ergot*, le *charbon*, la *carie*. Quand les pluies sont fréquentes dans la saison de la maturité, & mêlées d'orage & de grands vents, alors les bleds versent, prennent peu de nourriture, mûrissent inégalement & ne donnent que des grains *augers & sonneux* (1) : ou si les vents brisent ou plient la paille quand l'épi commence à se former, le grain ne prend plus de nourriture, il reste petit & menu ; c'est ce qu'on

(1) Le *bled auger* a le grain étique, ridé, & n'a presque point de farine ; il est tout *son*, ce que désigne le mot *sonneux*. Ce grain est plus long que rond. Les gens du métier disent à ce sujet que le *bled s'enfile*. On le nomme aussi en quelques endroits *bled brouiné*, parce que la brouine ou les brouillards fins & les vapeurs auxquels succèdent des coups de soleil quand le grain est en lait, brulent les fibres délicates qui attachent le grain à l'épi ; ce qui l'empêche de continuer à prendre de la nourriture, & rend le grain *maigre* & *sonneux*, comme celui qui provient des *bleds versés*. Ce grain longuet, étique, ressemble presqu'à l'*ivraye*, &c. C'est dans l'Ouvrage même qu'il faut consulter tout ce qui a rapport aux maladies des grains, & dans différentes *Dissertations* que M. Béguillet a publiées sur ce sujet intéressant. Voyez aussi la Traduction françoise de son Ouvrage latin, sur les *Principes physiques de la végétation*, &c. imprimé à Dijon en 1768.

nomme des *bleds retraits*. Si les bleds ne verſent que quand le grain eſt formé, le mal n'eſt pas ſi grand; mais deux ſacs de bleds retraits, ne fourniſſent pas plus de pain qu'un ſac de bon bled. S'il ſurvient de fortes chaleurs ſur le grain verſé & humide, il mûrit ſans ſe remplir de farine; ce qu'on appelle des *bleds échaudés*, &c.

Si les pluies viennent doucement & continûment, elles pénètrent peu-à-peu dans l'épi & dans ſes mailles, l'eau humecte le grain, le bouffit & le rend de la couleur d'un gris ſale, ce qu'on appelle *blaſ-terne*; alors le grain eſt gourd, peu ferme, & fait une farine molle, lâche, &c.

Si les pluies continuent trop long-temps, les *bleds germent* dans l'épi; ils pouſſent leurs *germes* hors de l'épi, à peu près comme l'artichaut lorſqu'il eſt en fleur, ce qu'on exprime en diſant, que le *bled fait l'artichaut* (1).

---

(1) On voit par là que M. Cadet s'eſt mal exprimé en diſant que le *bled germé fait un pain qui n'eſt pas dangereux pour la ſanté* : quand le bled eſt *proprement germé*, qu'il fait l'artichaut, on ne peut pas même en tirer du mauvais pain. Si le grain n'eſt qu'humide, ſans que le germe ſe ſoit entièrement développé, alors on peut, avec les précautions du deſſéchement, en tirer un pain qui ſera toujours de qualité inférieure au pain de bon grain, récolté ſec & bien mûr. Ainſi, tout ce que M. Cadet dit dans ſon *Avis ſur les bleds germés*, ne convient qu'aux *bleds humides*; encore faut-il diſtinguer les degrés, les cauſes & les effets, comme on l'a fait dans le *Traité des grains*. A l'égard de

Cet

Cet état malheureux fait alors doubler le prix du bled ; mais comme tous les Pays n'ont pas le même mal à la fois ni au même degré, les Acheteurs s'arrangent en conséquence.

Le Laboureur voyant que la saison est humide, n'attend pas que la maturité du grain soit complette, il se hâte de moissonner au premier beau temps & serre aussitôt son bled. Il en résulte une fermentation du grain dans la grange ; il commence par y *rougir* ; peu-à-peu il acquiert un tel degré de corruption, qu'il devient ce que les gens du métier appellent *côti*. Dans cet état, la farine est terne, tirant sur le noir & d'un mauvais goût ; enfin il se pourrit au point que la farine devient couleur de tabac, quoique le grain conserve à l'extérieur une apparence assez trompeuse. Il est cependant alors presqu'entièrement corrompu & hors d'état de faire du pain ; les animaux, les cochons même n'en veulent pas manger. J'indiquerai les remèdes à ces inconvéniens dans mon premier Ouvrage.

Il faut donc se résoudre à laisser mûrir le grain sur pied, même au risque de le récolter humide. Pour

---

la *farine de bled germé*, dont parle M. Cadet, & qu'il dit préférable pour la bouillie des enfans, il ne s'agit pas des grains germés sur pied, dont l'usage, heureusement impraticable, seroit un poison, mais de la farine de grains qu'on a fait germer exprès comme l'orge sur la touraille des Brasseurs. M. Cadet est sujet à ces sortes d'équivoques, qui sont de la plus dangereuse conséquence dans des *Avis distribués par ordre du Gouvernement.*

cela, on doit le veiller avec grand ſoin, ſinon il ſe convertiroit en fumier. Il faut par conſéquent le battre promptement, le faire ſécher au ſoleil, s'il eſt poſſible, le bien peltrer, le cribler ſouvent, & le bien aërer au grenier. C'eſt dans ce cas de l'humidité des récoltes, a dit M. Béguillet long-temps avant M. Cadet, que les étuves publiques ſeroient bien utiles, principalement les *étuves Chinoiſes*, dont il donne la deſcription & les figures (1), d'après les modèles qui en avoient été envoyés de la Chine, & adreſſés au Gouvernement, tome I *in-4°* *du Traité des grains*, pag. 317 & ſuiv.

Il y avoit long-temps qu'on avoit imaginé, avant que M. Cadet ne le propoſât, de ſécher les bleds humides au four après que le pain en eſt tiré. Il y a même un très-long détail d'expériences ſur le *chaufournage des grains*, rapportées par M. Béguillet, tome I *in 4°*. pag. 131 & 142. Mais il obſerve qu'il eſt difficile de remuer les grains humides dans le four; ce qui eſt néanmoins indiſpenſable à cauſe de l'inégalité de chaleur des fours, dont les côtés ſont brûlans; &

---

(1) Ces Etuves, qu'on nomme *Kangs*, ſont des chambres fermées, dont le pavement en dalles ou en briques eſt ſoutenu ſur des piliers ou des dés, & qu'on échauffe par-deſſous le pavé au moyen du fourneau & du canal de chaleur qui s'étend par-tout également. On y ménage la chaleur à tel degré que l'on veut, pour étuver les grains & les farines qu'on étend ſur le plancher, & qu'on peut retourner & remuer commodément.

qu'il n'y a guères dans les Campagnes que des fours bannaux, insuffisans pour chaufourner toute la récolte d'un canton. Il conseille en conséquence de préférer les chambres chaudes, la touraille des Brasseurs & tous les endroits clos, qu'on pourroit chauffer aisément par des poëles ou des terrines de feu ; il donne, pag. 64, la description d'une *chambre de séchage*, où on élève les uns sur les autres plusieurs chassis de toile, sur lesquels on étend les grains humides, &c.

Quant aux précautions à prendre pour moudre les grains humides sans perte, & pour employer les farines qui en proviennent, je puis renvoyer nos Professeurs au *Manuel du Meûnier*, où l'on trouvera les principes & la manière d'opérer. Ou il faut qu'ils se servent de ce *Manuel* & du *Traité des grains & de la mouture par économie*, que le Gouvernement a fait rédiger par M. Béguillet, pour l'*usage de l'École de Meûnerie*, ou il faut qu'ils réfutent pied à pied ces deux Ouvrages, qui déposeront éternellement contre eux, & qu'ils en donnent un meilleur ; ce que je souhaite bien sincèrement pour leur gloire & pour l'utilité générale qui en résulteroit.

FIN.

POST-SCRIPTUM

OU ADDITION.

LES *Observations* que je publie aujourd'hui, sont imprimées dès le mois de Décembre 1782, & devoient paroître dès le premier de Janvier 1783. C'étoient les Étrennes que le Meûnier & son Compère destinoient au Public, après une récolte humide dont la qualité devoit influer sur la nourriture de toute l'année, si l'on ne prenoit pas des mesures plus justes, des précautions plus raisonnées, & des principes plus sûrs que ceux imaginés par le sieur Brocq, & promulgués par ses deux Collégues ; mais l'intrigue & les menées sourdes (1), les petits moyens suscités par l'amour-propre

(1) Quand je parle d'intrigues, de menées sourdes, &c. je pourrois en citer dans plus d'un genre, mais je m'en tiens à celles qui justifient ma réclamation, & qui me nécessitent à défendre mon état, mon honneur & celui de ma famille. Au mois de Novembre 1782, les intrigues pratiquées contre mon gendre, Meûnier actuel de l'Hôpital-Général, ont éclaté de la manière la plus indécente; elles ont transpirées non-seulement dans la Capitale, mais aussi dans les marchés aux environs à 10 lieues à la ronde, & cela par le ministère des membres mêmes de l'Ecole de Boulangerie. J'en portai plainte à un de MM. les Administrateurs, qui en fit son rapport au Bureau de l'Administration. On eut la bonté d'y avoir égard, & l'on chargea un des membres d'en faire des plaintes à l'Ecole de Boulangerie, & assurer que si cela continuoit, le Bureau prendroit fait & cause en son nom.

blessé, ont retardé une publication qui auroit pu être utile. C'est ainsi que le zèle des meilleurs Citoyens est étranglé dès sa naissance par ces vampires qui succent la Patrie en la couvrant de fleurs & de festons.

M. Parmentier vient de faire paroître un nouveau Mémoire intitulé : *Moyen proposé pour perfectionner promptement dans le Royaume la Meûnerie & la Boulangerie, lu au Comité de la Boulangerie, le 24 Janvier 1783 ; chez Barrois, Libraire, &c.* (1) C'est ainsi que le Public est surchargé de productions & transcriptions de mes Adversaires, tandis que le seul écrit justificatif qui pouvoit dessiller les yeux de ce même

---

(1) Ce Mémoire, sur lequel j'aurois tant à dire, ainsi que sur les autres Ouvrages de M. Parmentier, d'après le plan que je me suis formé, comme *Jérobabel*, d'employer la même main qui élève un Temple à la Vérité, à combattre ses ennemis : ce Mémoire, dis-je, a été d'abord imprimé en entier dans le *Journal d'Agriculture, Commerce, Finances & Arts*, Mars 1783, p. 115, & Avril p. 38. M. Parmentier, non-content de son impression séparée, veut encore la publicité des Journaux pour acquérir la réputation d'Auteur par toutes les voies à-la-fois, & en accumulant tous les moyens. Il paroît même avoir forcé la main du Journaliste pour absorber le vuide de ce Journal ; par le remplissage entier de ses productions, si faciles à enfanter, puisqu'il ne s'agit que de savoir lire & copier habilement.

Quoi qu'il en soit, le Journaliste a cru devoir prévenir par une note à la fin, que ce Mémoire présente d'ailleurs des idées, qu'il est bien loin d'adopter, sur la *taxe du pain & les magasins de farine qu'on y propose.*

Public abusé, a tant de peine à paroître. On ne sauroit avoir une idée de l'inconcevable facilité de M. Parmentier à copier un Ouvrage ancien, & à le donner sous un autre titre, comme une production de son crû. Il a transcrit ce prétendu moyen, qui consiste à établir par toutes les Provinces *la Mouture Économique, & le Commerce des Farines*, des Mémoires que je publiai en 1769, & du Discours de M. Béguillet, imprimé la même année, par ordre du Gouvernement ; il se croit bien à couvert en masquant ce Plagiat d'un *Avant-propos*, où il dit qu'à l'invitation de M. Caze de la Bove, qui l'engagea à examiner quelle pouvoit être la cause de la mauvaise qualité des farines & du pain qu'on préparoit dans les Provinces, quoiqu'avec les meilleurs grains & des eaux excellentes, il avoit reconnu que la source du mal dépendoit plutôt d'un *vice de mouture* que de mauvaise fabrication, & que l'enseignement seul ne pouvoit y remédier, &c.

Voilà donc M. Parmentier qui convient aujourd'hui de l'*inutilité d'une École de Boulangerie dans la Capitale*, & que, sans la Mouture Économique & le Commerce des Farines établi par autorité publique, il est impossible que sa doctrine & celle de MM. Brocq & Cadet soit fructifiante. Il ajoute que sa proposition n'a *peut-être pas tout-à-fait le mérite de la nouveauté ; mais que des Auteurs très-estimables* (c'est mon Compère & moi) *dont il adopte l'opinion*, se sont expliqués d'une manière trop générale, &c. On voit par-là qu'une ſimple politeſſe fournit à M. Parmentier le ſujet d'un Livre qui ne lui coûte guères, puiſqu'il ſe contente de prendre ma *théorie*, & que pour la *pratique* il renvoie, pag. 19, *au Manuel du Meûnier*, rédigé ſur mes Mémoires par M. Béguillet. « Ce Livre, dit » M. Parmentier, à l'endroit cité, offrira à ceux qui » voudroient avoir une connoiſſance plus détaillée, *tout* » *ce qu'il eſt poſſible de deſirer à ce ſujet.* »

Grâces ſoient rendues mille fois à M. Parmentier de l'hommage qu'il veut bien rendre à l'effort de mon zèle, en diſant que le *Manuel du Meûnier ne laiſſe rien à deſirer!* C'eſt chanter la palinodie avec humilité, & M. Cadet, l'Apothicaire, ne dira plus que ſon Confrère & lui ont poſé les bornes de l'Art, puiſque M. Parmentier avoue qu'avant leurs précieuſes découvertes, il avoit paru *un Manuel du Meûnier* qui ne laiſſoit rien à deſirer. Je ſuis fort éloigné de le croire; mais enfin, lorſque j'ai fourni au Gouvernement les matériaux ſur leſquels M. Béguillet a été chargé de rédiger le *Manuel du Meûnier*, j'avois pour moi un exercice de quarante ans dans cette profeſſion, & cela eſt compté pour quelque choſe par les gens qui penſent. Mais je ſuis bien loin d'en conclure que cet Ouvrage ne laiſſe rien à deſirer. Mon intention & celle du Rédacteur eſt bien de le perfectionner, pour en faire un Ouvrage Claſſique à l'uſage des nouvelles Écoles, à condition que MM. Parmentier & Cadet, Profeſſeurs de ces Écoles, en étudieront les principes pour pouvoir les enſeigner aux Élèves.

Avouez donc M. Cadet, que c'eſt prématurément & ſans raiſon que vous avez avancé, à l'ouverture des Écoles, que votre Confrère avoit *poſé les bornes de l'art.* Lorſque vous avancez hardiment, dans le même Diſcours, *que tout a ſes bornes*, vous ne prouvez que les bornes de votre jugement & les limites de votre eſprit. Si vous connoiſſiez par exemple l'Agriculture par principes (1), vous qui traitez ſi mal les Laboureurs dans ce même Diſcours, ſi vous aviez conduit vous-même la charrue avant de vouloir endoctriner ſur cet art nourricier, vous auriez vu qu'il n'a ni bornes ni limites, parce que cet art tient à trop de circonſtances locales, & qu'il n'admet que très peu de loix générales & toujours ſubordonnées à l'expérience, qui eſt le premier & le plus sûr des Docteurs. Les Laboureurs les plus anciens & les plus inſtruits conviennent qu'ils vont tous les ans à l'apprentiſſage, & que la variation & la viciſſitude des ſaiſons, la diverſité des ſols, la qualité des ſemences, &c., exigent ſans ceſſe de nouvelles combinaiſons qui déroutent les

(*) Mon Compère, ancien Mitron de Goneſſe, qui faiſoit valoir une petite Ferme dans le tems qu'il chauffoit ſon four, a fait de profondes études ſur les principes phyſiques de l'Agriculture, les cauſes de la fertilité de la terre, & les moyens de *décupler* les produits communs de la culture ordinaire. Il dit qu'il convaincroit facilement l'Etat & les particuliers de cette vérité fondamentale, ſi le papier, l'impreſſion & les Libraires n'étoient pas trop chers, ou s'il trouvoit quelque protecteurs zélé qui voulût avoir la complaiſance d'examiner ſes preuves, d'entendre ſes raiſons, &c.

principes universels des Docteurs citadins, occupés à tracer des sillons dans leurs Cabinets. D'ailleurs, la culture d'un Pays ou d'une Province ne convient pas à une autre ; & l'on pourroit appliquer à la culture des grains ce que Pline dit des vignobles, qu'il y a autant de sortes de vins que de crûs différens. *Tot vina quot agri*, dit mon Compère, qui me tient lieu de Pline, dont je n'entends pas mieux le texte que M. Parmentier entend l'Arabe d'Avicenne.

Ce qu'on vient de dire de l'Agriculture, on pourroit l'appliquer à la Boulangerie. En Provence, par exemple, & en Flandres, quelle différence dans la fabrication du pain ! On en peut dire autant de la Brie & de la Beauce à la Normandie, & ainsi des autres Provinces. Posez à présent les bornes de la Boulangerie, si vous l'osez ; ou plutôt convenez que c'est l'ignorance seule qui veut poser des bornes, parce qu'elle ne voit pas au-delà. Il n'appartiendra jamais qu'au Boulanger habile, exercé de longue main dans son art, de connoître les règles de cet art, & le degré de fabrication du pain, lorsqu'il commence à faire son premier levain ; car c'est la première pierre du bâtiment. Ensuite il juge par le pétrissage de la manutention qu'il convient de donner suivant la qualité des farines qu'il emploie, & celle du pain qu'il veut faire, afin de diriger son travail en conséquence. Les leçons des Chimistes n'y peuvent rien ; c'est dans le pétrin que s'acquièrent ces connoissances avec un laps de temps nécessaire, comme c'est à la charrue que s'apprend la culture, & au Moulin (1) la mouture. Quittez donc vos livres, vos fourneaux & vos cornues pour aller au Moulin, si vous voulez parler mouture & farine comme il convient.

Vous dites sans cesse, Messieurs, que vous ne cherchez que le *bien public*. Mon Compère & moi voulons bien le croire; mais en ce cas, donnez-en donc des preuves, & sans me disputer l'honneur de

---

(*) On ne peut en effet rien dire de tolérable sur le moulin, la mouture, la meûnerie, les farines, & par conséquent sur la boulangerie, sans une étude préalable du mécanisme & de la construction des moulins. C'est ce qui m'a déterminé à fournir des Mémoires sur cette partie essentielle, parce qu'il n'y avoit encore dans aucune langue aucun Ouvrage sur cette matière. C'est d'après ces Mémoires que M. Béguillet a été chargé par M. Turgot de rédiger le *Manuel du Meûnier*. Heureux si cet Ouvrage ne laisse rien à desirer, comme le dit ici M. Parmentier en termes exprès. Mais il est étonnant que M. Parmentier prenne aujourd'hui la meûnerie comme la base de la Boulangerie & de la bonne fabrication du pain, après avoir conseillé aux *bonnes ménagères* de ne regarder la mouture que comme un *tour de passe-passe*, & de ne s'attacher qu'à la fabrication du pain, d'après les principes de la Chimie. Mon Compère n'a-t-il pas raison de dire *qu'il faut quitter les cornues pour aller au moulin*, quand on veut donner des leçons aux Meûniers & aux Boulangers?

Voici le passage. Mon Compère trouve l'*Avis* que M. Parmentier donne aux bonnes ménagères, *trop joli pour l'omettre*. » Le moulin, dit M. Parmentier, p. 16 de cet Avis, est une » si grande machine, composée de tant de pièces & tellement » compliquée, qu'il est impossible à l'œil le plus pénétrant d'en

l'invention, examinez de bonne-foi avec moi, si ma *mouture à la Lyonnoise, dite des Pauvres*, que vous taxez sans la connoître, est capable d'opérer le bien que j'ai annoncé, sur-tout dans une année où les grains ont été récoltés humides ? Hâtez-vous de faire des expériences en ce genre ; & si cette méthode que j'ai découverte opère un si grand bien, hâtez vous d'en imprimer les résultats, puisque l'impression vous

---

» suivre toutes les opérations ; & quand il le pourroit, » l'éloignement où (l'œil) il se trouve quelquefois du moulin, » l'état de l'atmosphère ou des eaux, qui ne permet pas de dé- « terminer l'instant où l'on moudra, sont d'autres obstacles » encore qui multiplient les difficultés.

» Quand la bonne ménagère, pour ne pas perdre de vûe » son grain, le feroit accompagner par sa servante au moulin, » quand elle s'y rendroit ensuite pour être présente à la mou- » ture, qu'elles se distribueroient l'une à la trémie, l'autre à la » huche, le *Meûnier*, malgré leur vigilance, *peut à sa volonté*, » *comme un joueur de gobelets, à la faveur d'une ficelle, d'un geste*, » *d'un mot couvert, escamoter le bled en-haut, en y substituant* » *un bled de moindre qualité, donner en-bas plus de son que de* » *farine*, & mettre par-là en défaut les regards de ses argus, » sans qu'il soit trop possible de voir la manœuvre & de con- » vaincre de fraude, &c. &c.

Les Boulangers de Rochefort se servent de ce fameux passage dans un grand procès qu'ils ont au Parlement, contre les Magistrats de cette ville, qui les accusent de prélever sur le Peuple un impôt annuel de 180,000 livres ; si M. Parmentier étoit nommé Expert dans cette affaire, il faudroit faire le procès à tous les Meûniers, qu'il regarde aujourd'hui comme le salut de la Nation.

coûte si peu, & vous verrez que cette méthode n'est pas *l'abus de la Mouture Économique*, comme le dit M. Parmentier, pag. 23 de son dernier Discours : vous y verrez que le bénéfice de cette mouture n'est pas imaginaire, que les sons ne passeront pas si vîte à la fermentation, &c. Mais auparavant apprenez à bien distinguer les procédés, & ne prenez pas Martre pour Renard, comme cela vous arrive si souvent. Je compte au surplus vous donner une petite leçon sur la mouture à la Lyonnoise, afin de vous éviter la confusion de tomber à l'avenir sur cet objet dans des contradictions peu honorables pour des Professeurs. Il suffit d'ailleurs que la *mouture des Pauvres*, que M. Parmentier confond mal-à-propos, pag. 26, avec la *mouture Rustique*, intéresse cette classe de Citoyens, pour me déterminer à la justifier des imputations que lui fait M. Parmentier sans la connoître (1) ; mais il me faut pour cela

---

(1) Au surplus, ce *nouveau Mémoire* présente à l'ordinaire tout ce que M. Parmentier a extrait du Manuel du Meûnier, du discours de M. Béguillet, imprimé en 1769, & du grand traité des grains & de la mouture économique, mais toujours sans citer les sources, & sans autre attention de déguiser le plagiat, que de remplacer les vérités par des erreurs ; ce qui m'obligera de réfuter un jour M. Parmentier *in globo*, comme on dit, lorsqu'il aura lui-même composé un système de toute sa doctrine, & qu'il l'aura purgée des contradictions & des différences qui se trouvent d'un de ses Ouvrages à un autre.

Par exemple, dans ce Mémoire, il regarde la mouture économique, l'habile Meûnier & le moulin bien monté, comme le

du loisir & la liberté de la presse, que je supplie le Gouvernement de m'accorder sur une matière qu'il a intérêt de connoître.

La Doctrine sur la Conservation des Farines en sacs, prêchée par le sieur Brocq & ses suppôts, est si préjudiciable aux vrais intérêts du Public, que je ne puis lâcher prise ni quitter ces Messieurs, sans dire encore un mot sur cet objet important.

---

salut de la Nation, & le seul moyen d'avoir de bon pain, sans lequel *l'art du Boulanger & l'Ecole de Boulangerie* ne pourront jamais rien. Au contraire, dans un autre Mémoire que M. Parmentier a intitulé *Avis aux bonnes Ménagères*, que les Boulangers regardent comme un chef-d'œuvre, pour embrouiller la matière où ils desirent que le Public & la Police ne connoissent jamais rien, il compare le moulin à la gibecière d'un joueur de gobelets, où l'œil le plus exercé ne peut empêcher ni découvrir la friponnerie; mais que c'étoit dans la fabrication du pain & la main du Boulanger, que consistoit la réparation du dommage, parce qu'on peut faire d'excellent pain avec du bled de tout grain, même de mauvaises graines & des farines médiocres. Aujourd'hui M. Parmentier dit & soutient que la fabrication ne peut rien sans l'établissement de la mouture économique & le commerce des farines économiques, &c. Lequel des deux Parmentiers faut-il croire? Ou si c'est le même homme, pourquoi souffre-t-il le froid & le chaud sur la même matière? &c. &c. Voyez la note précédente; & vous, Lecteur patient, conciliez toutes les productions de l'Auteur, si fécond sur la même matière, pour en saisir l'esprit & l'ensemble si vous pouvez, & pour former du tout une seule & même théorie.

La crainte que j'avois eu, dès le mois de Novembre, ſur la Conſervation des Farines de la dernière récolte, ne s'eſt que trop vérifiée, puiſqu'on a vu dès le mois de Mai, dans la Capitale & ailleurs, quantité de farines gâtées & altérées. La Halle en a été & en eſt encore remplie, & nous ne ſommes pas au mois d'Octobre. Il y en a eu de ſi corrompues à la Halle & dans quelques endroits, qu'il falloit déchirer les ſacs pour en arracher la farine & ratiſſer le treillis. Un pain fait avec de pareille denrée peut-il être ſalubre ? Eſt-il propre à bien nourrir l'habitant exténué de travaux, & qui ne ſe nourrit que des grains de la dernière qualité, comme les moins chers (1) ? Si les chaleurs étouffantes

(1) On ſent bien qu'il ſeroit hors de raiſon de mettre en parallèle la conſervation des farines dans les maiſons bien adminiſtrées, celle des Invalides, par exemple ; quelle différence de leurs qualités de bled avec ceux du Commerce ! Aux Invalides on ne moud que du bled de la meilleure qualité, toujours ſuranné & ayant été manœuvré un très-grand laps de tems dans les magaſins, de manière qu'il n'y reſte aucune humidité ſuperflue lors de la mouture. Les Hôpitaux ſont à-peu-près dans le même cas. Il n'eſt donc pas étonnant que les farines qui en proviennent ſe conſervent mieux que celles qu'on vend journellement au Commerce, où je vois avec douleur qu'il n'y en a que trop capables de produire un mauvais aliment, & que ſur la fin de cet été, il y aura encore bien des farines attaquées de putréfaction, dont la Capitale ſe reſſentira par la qualité du pain. Si ces farines du Commerce euſſent été vuidées, remuées & bien ſéchées après la mouture, comme je l'ai conſeillé, le mal n'eût pas été ſi grand, & ſeroit nul pour ceux qui prendroient des précautions ſi faciles.

& les brouillards qui remplissent actuellement l'atmosphère, au point d'obscurcir l'astre du jour, influent encore sur la récolte prochaine, & que les farines ne soient pas de meilleure qualité que celles de l'an passé, à quoi ne sera pas exposé le peuple, sur-tout s'il continue à être aussi mal endoctriné par les *Scribes* qui

---

Voilà la vérité & l'effet de la doctrine de nos Docteurs, sur la conservation des farines en sacs. Tous les gens sensés sentiront que l'humide superflu étant concentré, corrompt tout, & principalement les grains & farines, à moins qu'on n'en facilite l'évaporation par le remuage fréquent, &c.

J'omettois de dire ce qui a été remarqué dans le *Manuel & le Traité des grains*, que les bleds étant récoltés humides, on fera bien de les battre les plus tôt possible, au lieu de les laisser en tas dans les granges, ou en meules dans les champs. Après les avoir battus, au lieu de les vanner à l'ordinaire, on criblera ce bled avec sa bouffe ou basle, pour en ôter toute la poussière avec la grosse paille; ensuite on vuidera ce bled sur des planchers, & on le remuera avec sa bouffe le plus souvent possible pendant un mois ou deux. Lorsqu'on l'aura vanné & criblé pour dernière opération, on verra combien ce bled aura perdu de l'humidité superflue qui auroit occasionné sa destruction par toute autre méthode, & combien de tems il se conservera dans sa salubrité. Voilà une physique naturelle fondée sur des expériences réitérées. Si on me demande pourquoi cribler d'abord les bleds dans la grange & ne pas tout porter pêle-mêle au grenier; je répondrai que c'est afin que la poussière provenue du grain battu sous le fléau, ne s'amasse pas dans la rainure du grain, auquel elle communiqueroit un goût qui n'est ni agréable ni salubre.

veulent l'éclairer ſur la préparation du premier des alimens ? Quel bien la petite brochure que je donne aujourd'hui, & où j'enſeigne les moyens-pratiques & faciles de conſerver les grains & les farines humides, n'auroit-elle pas opéré ſi la publication n'en eût été retardée ?

Oui, je ſoutiens encore que ſi l'on manœuvroit les farines d'après les procédés que l'expérience m'a enſeignés & que j'indique, elles ſeroient d'une conſervation plus ſûre que les moyens coûteux employés par ces Meſſieurs, moyens qui ne ſont propres qu'à hâter la corruption.

Acceptez, Meſſieurs, le défi d'une épreuve publique dont les frais ſeront ſupportés par celui qui aura tort. Prenons trois ſacs de bled de la récolte dernière, un de la tête, un de la ſeconde claſſe & un de la troiſième, ce qui formera un bon bled moyen. Nous les ferons moudre pêle-mêle, & toutes les farines enſemble. Nous partagerons enſuite les farines, vous conſerverez les vôtres ſelon votre manière, ou plutôt ſelon celle du ſieur Brocq, que vous préconiſez, & moi je conſerverai mon lot de farines ſuivant ma méthode, & nous verrons à l'eſſai celui qui les conſervera plus long-temps bonnes & ſalubres, toutefois avec les précautions néceſſaires & juridiques, pour que l'un ne trompe pas l'autre ; car je crains l'échange & la ſubſtitution du *pain-bis blanc* en place du *bis*.

Oui, l'humidité eſt contraire à la garde, à la conſervation & à la qualité des farines. Pour s'en convaincre, que

que des gens impartiaux en faſſent l'épreuve ; qu'on prenne une livre ou deux de farine, qu'on la mette dans le four d'un poële avec un feu doux, ſur une aſſiette ou ſur une petite planche ſèche & ſans odeur, une heure ou deux, en la remuant avec la main ; étendez enſuite cette farine étuvée ſur un linge ou quelque choſe de bien ſec, & faites-en le lendemain eſſai de comparaiſon, ſoit de la bouillie, du pain ou de la pâtiſſerie, en prenant pour l'autre terme de comparaiſon de la pareille farine non préparée, & vous verrez la différence.

Que ſeroit-ce, ſi on prenoit de ſemblables précautions pour faire le pain ! qu'un Boulanger impartial (1)

(1) J'avois invité le Contrôleur & le Garde-magaſin de la Boulangerie des Invalides, à faire de pareils eſſais ſur leurs fours, très-propres pour cela. On les a commencés ; mais le ſieur Brocq, toujours ennemi des opérations qui ne viennent pas de lui, y a mis tant d'obſtacles, qu'il n'a pas été poſſible d'en ſavoir le réſultat. J'invite ceux qui ont un emplacement convenable & qui aiment le bien public, à en faire les eſſais & à m'en adreſſer les réſultats, à moi ou au bonhomme de Compère, qui les remerciera, & qui s'offre de faire valoir leurs découvertes dans le *Parfait Boulanger*, auquel il travaille. Mais qu'on ait ſoin que les farines miſes en expérience, ne touchent pas les murs du four, parce qu'elles pourroient rôtir, &c. & l'on nous imputeroit des réſultats qui ne ſeroient que la faute des précautions mal priſes, &c. Les Invalides, les Gardes-Françoiſes & les Hôpitaux, & ſûrement bien des Boulangeries ont des places convenables à ces ſortes d'eſſais, plus intéreſſans qu'on ne le croit, &c. &c.

en fasse l'essai en plus grande quantité sur son four. Qu'il y laisse cette farine cinq-à-six heures en la remuant de temps à autre ; qu'il la vuide ensuite sur le carreau pour lui laisser évaporer la *buée* ou la chaleur humide en la remuant seulement pendant deux jours, & qu'il en fasse du pain pour comparer à d'autre pain provenu de farines du même sac ou de la même voie, il en verra la différence. Je vais plus loin, & je soutiens qu'un Boulanger qui suivroit cette manutention seulement pour la fabrication de ses levains, en retireroit un pain meilleur & plus salubre, parce que ce levain communiqueroit ses bonnes qualités au pain, dont le travail seroit plus facile, & dont le bon débit seroit une preuve de la véracité sur laquelle je fonde ma pratique & ma doctrine. On verra dans le *parfait Boulanger* de mon Compère, qui a raison de M. Brocq ou de César Buquet.

FIN.

APPROBATION.

J'AI examiné par ordre de Monseigneur le Garde-des-Sceaux un Manuscrit intitulé : *Traité-Pratique de la Conservation des Grains, des Farines, & des Étuves domestiques, &c.* Par M. CÉSAR BUQUET ; je crois que cet Ouvrage sera utile au Public, & je n'y ai rien trouvé qui puisse en empêcher l'impression. A Paris, le 12 Juillet 1783.

DE LA LANDE, Censeur Royal.

PRIVILÉGE DU ROI.

LOUIS, PAR LA GRACE DE DIEU, ROI DE FRANCE ET DE NAVARRE : A nos amés & féaux Conseillers, les Gens tenans nos Cours de Parlement, Maîtres des Requêtes ordinaires de notre Hôtel, Grand Conseil, Prévôt de Paris, Baillifs, Sénéchaux, leurs Lieutenans-Civils & autres nos Justiciers qu'il appartiendra : SALUT. Notre bien amé le Sieur César BUQUET Nous a fait exposer qu'il desireroit faire imprimer & donner au Public, un Ouvrage de sa composition, intitulé : *Traité Pratique de la Conservation des Grains, des Farines, & des Etuves domestiques, avec Figures, Notes & Observations sur la Culture & la Boulange*, s'il Nous plaisoit lui accorder nos Lettres de Privilége à ce nécessaires. A CES CAUSES, voulant favorablement traiter l'Exposant, Nous lui avons permis & permettons de faire imprimer ledit Ouvrage autant de fois que bon lui semblera, & de le vendre, faire vendre par tout notre Royaume. Voulons qu'il jouisse de l'effet du présent Privilège, pour lui & ses hoirs à perpétuité, pourvu qu'il ne le rétrocède à personne; & si cependant il jugeoit à propos d'en faire une cession, l'Acte qui la contiendra sera enregistré en la Chambre Syndicale de Paris, à peine de nullité, tant du Privilége que de la cession; & alors, par le fait seul de la cession enregistrée, la durée du présent Privilége sera réduite à celle de la vie de l'Exposant, ou à celle de dix années, à compter de ce jour, si l'Exposant décède avant l'expiration desdites dix années. Le tout conformément aux articles IV & V de l'Arrêt du Conseil du trente Août 1777, portant Réglement sur la durée des Privilèges en Librairie. Faisons défenses à tous Imprimeurs, Libraires, & autres personnes, de quelque qualité & condition qu'elles soient, d'en introduire d'impression étrangère dans aucun lieu de notre obéissance; comme aussi d'imprimer ou faire imprimer, vendre, faire vendre, débiter ni contrefaire ledit Ouvrage, sous quelque prétexte que ce puisse être sans la permission expresse & par écrit dudit Exposant, ou de celui qui le représentera, à peine de saisie & de confiscation des Exemplaires contrefaits, de six mille livres d'amende, qui ne pourra être modérée, pour la première fois, de pareille amende & de déchéance d'état en cas de récidive, & de tous dépens, dommages & intérêts, conformément à l'Arrêt du Conseil du 30 Août 1777, concernant les contrefaçons : A la charge que ces Présentes seront enregistrées tout au long sur le Registre de la Communauté des Imprimeurs & Libraires de Paris, dans trois mois de la date d'icelles; que l'impression dudit Ouvrage sera faite dans notre Royaume, & non ailleurs, en beau papier & beaux caractères, conformément aux

Réglemens de la Librairie, à peine de déchéance du présent Privilége; qu'avant de l'exposer en vente, le Manuscrit qui aura servi de copie à l'impression dudit Ouvrage, sera remis dans le même état où l'Approbation y aura été donnée, ès mains de notre très-cher & féal Chevalier, Garde des Sceaux de France, le Sieur HUE DE MIROMÉNIL, Commandeur de nos Ordres; qu'il en sera ensuite remis deux Exemplaires dans notre Bibliothèque publique, un dans celle de notre Château du Louvre, un dans celle de notre très-cher & féal Chevalier Chancelier de France, le Sieur DE MAUPEOU, & un dans celle dudit Sieur HUE DE MIROMÉNIL; le tout à peine de nullité des Présentes : du contenu desquelles vous mandons & enjoignons de faire jouir ledit Exposant & ses hoirs, pleinement & paisiblement, sans souffrir qu'il leur soit fait aucun trouble ou empêchement. Voulons que la copie des Présentes, qui sera imprimée tout au long, au commencement ou à la fin dudit Ouvrage, soit tenue pour duement signifiée, & qu'aux Copies collationnées par l'un de nos amés & féaux Conseillers-Secrétaires, foi soit ajoutée comme à l'original. Commandons au premier notre Huissier sur ce requis, de faire, pour l'exécution d'icelles, tous actes requis & nécessaires, sans demander autre permission, & nonobstant clameur de Haro, Charte Normande, & Lettres à ce contraires : CAR tel est notre plaisir. Donné à Paris, le treizième jour du mois d'Août, l'an de grace mil sept cent quatre-vingt-trois, & de notre Règne le dixième.

Par le Roi en son Conseil.

LE BEGUE.

Registré sur le Registre XXI de la Chambre Royale & Syndicale des Libraires & Imprimeurs de Paris, N°. 2989, fol. 922, conformément aux dispositions énoncées dans le présent Privilège; & à la charge de remettre à ladite Chambre les huit Exemplaires prescrits par l'article CVIII. du Réglement de 1723. A Paris, ce 14 Août 1783.

LECLERC, Syndic.

De l'Imprimerie de LAMBERT & BAUDOUIN, rue de la Harpe, 1783.